A. Demigny

La Faillite de la marine

Étude critique maritime et militaire

Elibron Classics
www.elibron.com

Elibron Classics series.

ISBN 0-543-69796-7 (paperback)
ISBN 0-543-69795-9 (hardcover)

This Elibron Classics Replica Edition is an unabridged facsimile of the edition published in 1899 by Berger-Levrault et Cie, Paris.

LA

FAILLITE DE LA MARINE

NANCY, IMPRIMERIE BERGER-LEVRAULT ET Cie.

LA
FAILLITE DE LA MARINE

ÉTUDE CRITIQUE

MARITIME ET MILITAIRE

PAR

A. DEMIGNY

BERGER-LEVRAULT ET Cie, LIBRAIRES-ÉDITEURS

PARIS
Rue des Beaux-Arts, 5

NANCY
Rue des Glacis, 18

1899

PRÉFACE

Dans le domaine des choses militaires, et surtout à la guerre, on ne peut s'avancer qu'en s'appuyant sur des bases préparées de longue main, conformément aux principes.

Ces principes paraissent faire défaut dans la marine, pour la préparation et pour la conduite de la guerre. La tactique navale semble plutôt avoir été faite pour un sport que pour le combat, dont elle ne parle jamais.

Dans les manœuvres navales, on ne remarque qu'une chose : l'absence de tout art.

— « Quelle est l'hypothèse ? » demandait un général anglais, après l'exécution de brillantes manœuvres de cavalerie auxquelles il avait

assisté au camp de Châlons, sous le second Empire. Tout le monde fut surpris par cette question, à laquelle on n'avait pas songé et qui demeura sans réponse.

C'était bien simple: il n'y avait pas d'hypothèse. Aussi, la cavalerie française se fit-elle hacher aussi bravement qu'inutilement sur les champs de bataille de 1870, mais, sauf aux deux petites affaires de Niederbronn et de Pont-à-Mousson, dirigées par les généraux de Bernis et Margueritte, elle ne remplit pas ses devoirs principaux, qui étaient ceux de l'exploration.

Il en est de même dans les manœuvres des escadres: il n'y a pas d'hypothèse.

Tout mouvement devrait correspondre à une hypothèse qui fait défaut.

Cette lacune grave tient à plusieurs causes:

1° A ce que l'on ne s'est jamais demandé en France à quoi doit servir réellement la marine;

2° Au manque d'enseignement de l'histoire

maritime et militaire à l'Ecole navale, qui semble plutôt être une école industrielle qu'une école devant former des officiers en vue de la guerre;

3° A la multiplicité des détails que comprend le métier de marin. Depuis l'enseigne de vaisseau jusqu'aux grades les plus élevés, l'esprit reste toujours attaché à ces détails, sans pouvoir s'en débarrasser complètement.

Le général doit cependant les reléguer à l'arrière-plan et n'avoir qu'un seul but: « coordonner tous ses moyens, pour les faire agir « en vue de la guerre ».

Il y a longtemps que le grand Clausewitz — que l'on verra souvent cité dans cet opuscule, avec Napoléon, Gouvion-Saint-Cyr, Rüstow, etc. — a fait justice des théories mathématiques appliquées à la guerre.

Ce n'est pas, en effet, dans les traités de mathématiques, mais par la lecture de l'histoire, que l'on apprend la guerre.

C'est en méditant les ouvrages laissés par les hommes de guerre, que l'on se formera pour la guerre maritime comme pour la guerre de terre, car au fond, la guerre est une, et s'il y a plusieurs manières de la faire, il n'y en a qu'une de la concevoir.

Dans la situation actuelle de l'Europe en armes, on peut se demander s'il nous est bien permis de jeter les yeux ailleurs, et de ne pas réserver toutes nos ressources en vue d'une guerre européenne. Cela peut, du moins, être discuté.

Mais pour agir en dehors de nos frontières maritimes, il nous faut être assurés de la tranquillité la plus complète sur nos frontières continentales, et notamment du côté de l'Allemagne.

Autrement, nous sommes profondément convaincu que toute guerre maritime ou exotique nous serait fatale.

Si les guerres de ce genre nous ont nui

considérablement autrefois, alors que personne ne nous menaçait sérieusement, on reconnaîtra qu'elles seraient aujourd'hui pour nous d'une exceptionnelle gravité.

Gardons-nous bien de permettre, à nos dépens, la reconstitution de l'empire de Charlemagne.

LA

FAILLITE DE LA MARINE

PRÉLIMINAIRES

Le budget de la marine, qui grossit chaque année, est ou sera bientôt de 300 millions ; celui de la guerre étant de 600 millions environ. Le budget de la marine est donc la moitié de celui de l'armée de terre. Ces deux ministères devant avoir pour unique but la défense nationale, il semblerait à première vue, même aux esprits les plus bornés, que la marine dût rendre au pays, à un moment donné, la moitié des services que pourrait lui rendre l'armée de terre. Si par hasard il n'en était pas ainsi, il deviendrait évident que les 300 millions dépensés pour la marine n'auraient pas, au point de vue de la défense nationale, le même rendement que les centaines de millions attribués à l'armée de terre. Dans ce cas, il y aurait certainement quelque chose à changer, et il appartiendrait aux pouvoirs publics d'aviser, pour savoir si une institution aussi coûteuse doit être maintenue.

Il y a d'abord une différence essentielle et capitale entre la guerre et la marine; tâchons de l'établir nettement.

Dans le cours de l'histoire, on a vu la France presque abattue par plusieurs défaites, telles que celles de Crécy, Poitiers, Azincourt, Waterloo et Sedan.

D'autres batailles, comme celles de Bouvines, Denain, Zurich, l'ont relevée. Il est donc juste de dire que son existence tout entière tient à sa puissance sur terre. Aucune bataille navale ne l'a ni perdue ni sauvée; la Hougue n'a empêché ni la prise de Namur, ni la victoire de Steinkerke; ni la bataille des Saintes, l'indépendance de l'Amérique; ni Trafalgar, Austerlitz. De même, les quelques victoires sur mer que nous comptons à notre actif, n'ont eu aucun résultat immédiat, et peuvent être considérées comme sans influence sur les destinées du pays. Du reste, dans toutes les affaires décisives avec l'Angleterre, nous avons toujours été vaincus, et les batailles que nous citons plus haut, marquent la fin des périodes de grandes guerres navales.

Il en sera toujours ainsi à l'avenir; et attacher tant d'importance à la marine, c'est méconnaître singulièrement l'histoire de France. Quoique située sur plusieurs mers, la France est et sera toujours une puissance continentale. Le fait de jeter les yeux en dehors de l'Europe, constituera toujours pour elle une faiblesse ou une abdication.

Le mot de Frédéric II : « Si j'étais roi de France, on ne tirerait pas un coup de canon en Europe sans ma permission » aurait dû être la règle de tous nos gouvernements. Bien entendue en 1866, elle nous eût rendu les limites du Rhin. Rejetés bien loin de ces limites, nous voulons, suivant un mirage trompeur, nous rattraper sur des fictions, et nous diminuons par celà même nos forces, déjà si amoindries. Nous diminuons nos forces de terre, les seules nécessaires, pour entretenir des forces navales, dont l'utilité n'a jamais été démontrée par les leçons de l'histoire.

Assez a été écrit sur la division de la flotte, sur les cuirassés, croiseurs et torpilleurs. Nous ne prétendons pas rechercher dans cette étude quelle est la meilleure unité de combat, ni quels sont les défauts et qualités de nos bâtiments.

La diversité des types, dont plusieurs ne pourraient servir ni pour l'offensive, ni pour la défensive, l'armement en artillerie de certains cuirassés, qui, de loin, ne pourraient pas lutter contre des croiseurs, à cause de l'infériorité de leur artillerie moyenne, prouvent que les idées du conseil des travaux ne sont pas bien nettes. Celles de l'état-major général, désarmant sept cuirassés pendant la tension causée par l'affaire de Fachoda, et profitant de ce moment pour désorganiser la seule force navale sérieuse que nous possédions, ne le paraissent pas davantage. Nous ne rechercherons pas non plus le bien ou le mal fondé des reproches adressés journellement à cette administration, qu'un auteur anglais prétend être atteinte du choléra morbus. L'expression est trop méprisante pour ce département ministériel, qui est simplement atteint de la maladie du sommeil, de la routine du favoritisme le plus éhonté[1] et,

---

1. Il n'est pas normal, dans un corps organisé, de voir, en *temps de paix,* des officiers gagner de huit à dix ans sur leurs camarades, ayant la même origine qu'eux, pour l'obtention d'un grade. Le mode de l'avancement par *sélection,* employé en Allemagne, est le seul rationnel pour des officiers sortant de la même école. Il est souverainement injuste de voir des officiers, ayant souvent plus de

avant tout, de l'ignorance absolue des choses de la guerre.

Notre but, quoique plus simple, est aussi plus radical. Nous nous proposons simplement d'établir le bilan de ce que peut faire la marine en France et de rechercher si sa conservation est un bien ou un mal pour le pays, dont elle est censée avoir la garde et protéger le commerce.

Nous aborderons d'abord, dans cette étude, la défense des côtes; ensuite, nous tâcherons de définir le rôle que pourrait jouer la marine dans le cas d'une guerre entre la France, l'Allemagne et l'Italie; puis enfin avec la grande ennemie maritime, l'Angleterre.

valeur que leurs camarades privilégiés, rester en arrière sans motifs. L'état peu brillant de la marine ne justifie pas de semblables procédés, dignes d'un autre âge.

CONSIDÉRATIONS GÉNÉRALES

Dans la marine qui se dit militaire, par ironie sans doute, on n'a aucune idée de la guerre. Quelques-uns croient la résoudre à grands coups de formules en appelant à leur aide le calcul intégral. Les écrivains qui ont écrit sur la matière, ont plutôt essayé de composer des traités de mathématiques, que de se livrer à la recherche de principes ou de lois qu'ils sont incapables de découvrir, n'ayant jamais rien lu sur la guerre. Les études de ce genre leur sont en effet totalement inconnues, et l'on s'aperçoit seulement, en lisant leurs ébauches, qu'ils savent peut-être un peu de trigonométrie et de géométrie. Les sinus, cosinus et courbes diverses qui figurent dans les ouvrages de ce genre, remplacent les idées qu'on n'y trouve point. On est par trop savant dans la marine, et personne n'est capable d'exprimer simplement une idée sans formules mathématiques, alors que tout se réduit à quelques règles fort simples de cinématique, à mesurer des distances sur la carte avec un compas et des angles avec un rapporteur[1]. On pourrait conseiller à ces auteurs maritimes d'un nouveau genre, de méditer les paroles que Clausewitz place au commencement de sa théorie sur la guerre : « On s'étonnera peut-être que ce livre ne contienne pas de science, mais que voulez-vous, le sujet n'en comporte pas. » En revanche, le sujet traité par ce grand écrivain militaire comporte un exposé presque complet des guerres de Frédéric le

---

1. La formule d'Ardant du Picq : Résolution, plus grande que tous les MV^2 du monde, devrait être la seule formule pour le combat.

Grand et de Napoléon. Tandis que la connaissance de l'histoire militaire est prisée avec beaucoup de raison et considérée comme chose principale, comme chose, disons mieux, sans la connaissance de laquelle on ne sera jamais rien, et qui a formé tous les grands capitaines, non seulement l'histoire militaire, mais même l'histoire maritime est presque inconnue dans la marine. Dans tous les cas, sa connaissance est considérée comme nulle et non avenue, et quand un auteur maritime a barbouillé de formules des pages entières, il s'estime très satisfait, et tout le monde l'est avec lui.

Sans avoir jamais rien écrit, les autres ne sont pas plus forts sur ce sujet. Dans quelques timides essais, on lit des bourdes stupéfiantes, telles que celle-ci : « Connaître l'âge du chef ennemi, c'est faire de la stratégie navale. » Sans doute, il peut être utile de connaître l'âge du chef ennemi, son caractère, son état de santé, mais ce n'est pas, à proprement parler, de la stratégie. Une telle définition de la stratégie est réellement surprenante et dénote chez celui qui l'a trouvée, une bien grande ignorance.

La plupart des officiers passent leur temps à inventer des appareils ou des commutateurs électriques, et comme ils restent dans ces idées d'inventeur, ils n'ont aucune qualité de commandement, aucune science de la guerre, quand ils arrivent aux hauts grades. Aussi voit-on dans quelques trop rares exercices, des choses extraordinaires; par exemple, une escadre se présenter au feu en ligne de front, perpendiculairement à une ligne de file, c'est-à-dire n'ayant qu'un seul bâtiment capable de répondre au feu de toute l'escadre adverse. On accouche de théories insensées sur les combats de mer, en indiquant à l'avance le numéro de l'ennemi sur lequel il faudra tirer; on a même été jusqu'à indiquer les points du navire qu'il faudrait viser, et ce point variait avec chaque calibre et pour une même pièce, suivant le projectile employé! On prévoit toujours trois cas à la guerre, dit Clausewitz, mais c'est toujours aussi le quatrième qui se présente[1].

Pour bombarder des batteries à terre, certains ont imaginé de suivre une courbe appelée pompeusement spirale logarithmique. En suivant religieusement cette courbe, sans s'inquiéter ni des angles morts ni des secteurs privés de feux, sans savoir, en un mot, si l'on a choisi une position favorable, si tous les navires dont on dispose sont à bonne portée pour écraser l'ennemi sous un feu d'ensemble et bien dirigé, la batterie sera sûrement réduite au silence, même sans reconnaissance préalable. L'effet est immédiat,

---

1. Si les gens qui prêchent ces théories, savaient qu'on a considéré dans toute l'armée allemande comme une chose extraordinaire le calme dont fit preuve un sous-officier, à la bataille de Saint-Privat, en rectifiant le tir de sa section, ils les retireraient bien vite.

Le tir de combat n'est pas un tir de polygone. Que l'on se contente donc de toucher le but. Ces théories surannées tombent du reste d'elles-mêmes, quand on voit que 2 p. 100 des coups seulement ont atteint les navires espagnols à l'affaire de Santiago.

immanquable. Et cependant, on lit dans un auteur militaire bien connu : « Cet amour exagéré des figures géométriques, est le signe le plus certain du manque d'aptitude au commandement en chef. Le général doit calculer avec des forces, ces forces se représentent par des lignes et des directions, mais elles ne sont pas ces lignes elles-mêmes. » (Rüstow, *Art militaire au XIXe siècle*[1].)

On soutient quelquefois l'opinion que le Tonkin est plus précieux pour la France que l'Alsace-Lorraine. O mânes de Napoléon, combien vous devez tressaillir en entendant proférer de semblables blasphèmes contre la patrie ! C'est ainsi que l'on parle de Strasbourg, clef de l'Allemagne du Sud, dont tous les Français clairvoyants pleurent la perte !

---

1. On voit aussi prôner des formations géométriques qui condamneraient une force navale à stationner sur place, à n'employer que la moitié de ses forces contre toutes celles de l'ennemi et, enfin, à ne pouvoir se servir que de feux divergents contre les feux convergents de la partie adverse. La mobilité est cependant primordiale et les feux divergents sont depuis longtemps condamnés.

Il est étrange de voir de naïfs esprits caresser l'idée de voir l'Allemagne nous restituer un jour ces deux provinces en échange de Madagascar. Plus au courant des choses de la guerre, les Allemands ne nous rendront jamais les clefs dont nous avons besoin pour entrer chez eux. L'Alsace-Lorraine est pour eux une tête de pont qu'ils garderont précieusement.

DÉFENSE DES CÔTES

L'idée dominante et bien naturelle dans la marine, pour expliquer sa raison d'être, est que l'on doit défendre les côtes avec des navires disposés en cordon. Il ne viendrait à l'esprit de personne que cette disposition des forces est radicalement vicieuse et condamnée depuis longtemps par tous les hommes de guerre. C'est le moyen d'être faible partout et fort nulle part. « Veut-on empêcher la contrebande de passer à l'ennemi? Après dix ans de guerre doit-on en revenir à ces bêtises-là? » écrivait Napoléon à son frère Joseph qui, après l'évacuation de Madrid en 1808, couvrait la ligne de l'Ebre par un cordon de troupes ininterrompu. Nous ne mentionnons que pour en faire prompte justice et livrer au pilori de l'opinion du monde qui raisonne cette idée d'un écrivain maritime qui veut mettre à néant la puissance navale de l'Angleterre avec quelques cuirassés, croiseurs et torpilleurs stationnant à Bizerte, Alger, Cette et Marseille. Franchement, pour lancer de semblables absurdités, il faut croire que le public auquel on s'adresse est bien stupide.

Dans un pays comme la France, la France telle que l'ont faite les traités de 1815 et celui de Francfort, ce n'est point avec des navires, mais avec des batteries, des corps mobiles et des chemins de fer que l'on doit défendre les côtes ; nous allons essayer de le faire comprendre.

Objectif d'une flotte ennemie sur le littoral de la France. — L'objectif d'une flotte ennemie sur notre littoral sera ou de le bombarder, ou d'effectuer des destructions d'ouvrages d'art, d'opérer un débarquement ou de bloquer une partie donnée de la côte.

Des bombardements. — Il faudrait essayer de rassurer les populations côtières sur les effets des bombardements dont on les menace tant dans la marine. La presse et le gouvernement auraient là un beau rôle à jouer, et la chose certainement en vaudrait la peine, car les écrivains maritimes qui ont écrit sur ce sujet ont accumulé à loisir, pour les besoins de leur cause, toutes sortes d'erreurs, allant directement contre les idées saines de la guerre.

Pour nous et pour beaucoup d'autres, dont von der Goltz et un auteur, qui, sous la signature M. D. B. G., a remarquablement traité la question (*Mémorial de l'artillerie de marine* de 1894), un bombardement maritime est de nul effet au point de vue de la guerre, et les dommages causés sont purement matériels. Le bombardement maritime, non appuyé par des troupes de terre, n'est qu'un épouvantail, un enfantillage, mais non un moyen de guerre sérieux.

D'abord, le nombre des projectiles dont peut disposer l'ennemi est fort limité. Ce dernier serait ensuite fort gêné, sinon empêché de se livrer à sa besogne inutile, par le feu des batteries de terre, s'il s'agit d'une ville importante. C'est une chose que l'on ne devrait jamais négliger; et, à ce point de vue, nos grandes agglomérations du littoral ne sont point suffisamment mises à l'abri d'un bombardement. Les frontières maritimes, de même que les frontières terrestres, devraient être défendues, mais seulement avec des batteries. Un petit nombre d'hommes, ainsi que nous le verrons plus tard, suffira à leur défense. Il n'y a pas la moindre comparaison à établir entre un bombardement maritime et le bombardement d'une ville assiégée.

Lorsque l'ennemi campe devant une place et qu'il la somme de se rendre, le bombardement peut avoir un effet moral considérable; témoins le bombardement de Magdebourg en 1806 et celui de Vienne en 1809. Mais, dans les deux cas qui nous occupent, les Français étaient parvenus au cœur du pays ennemi, les victoires d'Iéna et d'Eckmühl, en accroissant le prestige déjà si grand du vainqueur, avaient déprimé le moral des populations ennemies. On a vu, en 1806, des places se rendre à des pointes de cavalerie.

Quand, dans le cours d'un siège, on procède au bombardement d'une ville, c'est qu'on a besoin de s'en emparer pour conserver la liberté de ses communications qu'aurait gênées sans cela la garnison, et ensuite pour en tirer des ressources, afin de s'avancer plus loin dans l'intérieur du pays ennemi ou pour s'en servir en cas de revers.

Un bombardement maritime est un jeu d'enfants à côté de ce genre d'opérations.

Il a pour but, non de s'emparer de la place, mais simplement d'y lancer des projectiles.

Si, en 1831, l'escadre de l'amiral Roussin

obtint une demi-satisfaction devant Lisbonne dont elle avait forcé les défenses, c'est parce que le gouvernement de l'usurpateur dom Miguel ne se sentait pas assez bien établi pour résister au mécontentement qu'aurait produit le bombardement de la ville. S'il avait eu quelques batteries, et qu'il eût su ou voulu s'en servir, l'escadre française n'aurait pu rester longtemps sous leurs feux.

On connaît l'insuccès du bombardement de Sébastopol par mer, le 17 octobre. 27 vaisseaux prirent part au bombardement et lancèrent plus de 30,000 projectiles. Les dommages matériels du côté des Russes se bornèrent à quelques pièces démontées, à quelques affûts endommagés, à quelques morceaux de parement à refaire. Au contraire, il n'y eut pas un navire qui ne fût menacé d'incendie par les boulets rouges des Russes. La flotte se montra vaillamment impuissante à réparer l'échec des batteries de terre. (Camille Rousset.)

Quand bien même quelques maisons seraient détruites, quelques incendies allumés, quel serait le résultat obtenu au point de vue de la suite de la guerre? Il est évident que ce bombardement n'aura réussi qu'à produire des ravages inutiles et à provoquer l'exaspération de la ville bombardée.

Les batteries du littoral peuvent, au contraire, faire éprouver à l'ennemi des pertes plus sérieuses, si elles parviennent à endommager ou à couler plusieurs de ses bâtiments. Ce dernier courra donc plus de risques qu'il n'en fera courir à la ville qu'il insulte de loin.

Quand, dans une ville assiégée, le canon bat les murailles en brèche, qu'une pluie d'obus s'abat dans les rues et sur les maisons, que les cadavres encombrent, le bombardement produit certainement un effet moral considérable. L'assiégé se représente l'ennemi disposant ses colonnes d'attaque, la brèche va être ouverte, l'assaut tenté, et chacun demeure anxieux dans l'attente de l'événement qui se prépare. Un cercle de fer et de feu empêche toute sortie, il faut attendre le dénouement. L'absence de nouvelles est un déprimant terrible : on a la conscience de se sentir abandonné.

De plus, ce terrible assaillant a dû remporter des victoires, dont les noms ont frappé douloureusement les oreilles des malheureux assiégés : leurs troupes vaincues et en déroute en ont démesurément grossi la force, ainsi que cela arrive toujours. Depuis longtemps déjà, ils souffrent de la faim ; le typhus et les projectiles ennemis les ont décimés.

Dans un bombardement maritime, rien de semblable. L'ennemi est aux portes de la ville, c'est vrai, mais un fossé profond et qu'il ne pourra franchir l'en sépare.

Il ne peut empêcher ses habitants de vaquer à leurs occupations journalières, de quitter leurs maisons et la ville et d'aller assister en oisifs, à l'abri de tout danger, du haut des hauteurs voisines, à la contemplation de son œuvre inutile. Il disparaîtra aussi vite qu'il sera venu, confus de son œuvre ;

sa présence devant la ville aura été vaine. Il aura insulté le drapeau, bavé dessus, mais là se bornera son offense.

L'objectif d'une escadre ennemie peut aussi être le forcement d'une passe qui conduit à un port de guerre, afin de pouvoir détruire et incendier la ville et l'arsenal. Avec les défenses accumulées aujourd'hui dans ces sortes de défilés, il ne semble pas possible de tenter une semblable opération. Même cette escadre réussirait-elle dans son entreprise, qu'elle ne pourrait séjourner longtemps sur la rade ennemie, exposée aux feux des batteries intérieures qui la couvriraient de projectiles de tous les côtés. Quand bien même, par impossible, elle parviendrait à s'y maintenir, quelle serait la conséquence de ce fait d'armes pour la suite immédiate de la guerre ? Les troupes de la défense auraient vite fait de repousser les attaques qu'elle pourrait tenter en essayant de débarquer quelques hommes. L'accès du territoire leur serait absolument interdit. Il lui faudrait, pour couronner son œuvre de destruction, des troupes de débarquement, qu'elle n'aura certes pas avec elle dans un pareil moment.

Au bout de peu de temps, elle serait obligée d'abandonner une position où elle ne saurait se maintenir sans de graves dangers. Pendant le siège de Toulon, la flotte anglo-espagnole fut obligée de quitter la rade, après l'occupation du fort de l'Éguillette par les troupes républicaines.

N'avons-nous pas vu, pendant la guerre hispano-américaine, l'escadre de l'amiral Sampson renoncer à forcer les passes de Santiago, cependant si inférieures en défenses à nos rades européennes? Il n'y avait en effet qu'un très petit nombre de canons modernes; le forcement de la passe n'eût été qu'un jeu et eût procuré un lustre plus éclatant au pavillon étoilé.

N'avons-nous pas vu, pendant la même guerre, l'amiral Dewey rester si longtemps impuissant devant Manille, faute de troupes de débarquement?

Et cependant, ces escadres agissaient dans les pays insurgés contre les Espagnols et avaient pour elles la connivence et la coopération d'hommes exaspérés contre leurs anciens maîtres. La cause principale de la défaite de l'Espagne fut, indépendamment de ces causes, le grand éloignement de Cuba et, au contraire, la proximité de cette île des côtes américaines. Si la flotte espagnole, abandonnant franchement Cuba, se fût portée aux Philippines, elle aurait eu sur la flotte américaine la supériorité stratégique. Sur mer comme sur terre, les lignes de communication, sans points intermédiaires, ne doivent pas être trop étendues[1].

Dans un pays européen, les troupes débarquées eussent été immédiatement jetées à la mer, et leur défaite eût servi à démontrer l'impuissance des escadres contre des pays organisés.

---

1. Les lignes de communication s'affaiblissent en s'allongeant. (Clausewitz.)

On peut aussi se proposer de détruire des ouvrages d'art, viaducs, ponts, et de rendre impraticables les voies ferrées qui sont trop près de la mer. Une flotte ne pourra guère opérer que de loin contre de semblables objectifs, parce qu'il y aura toujours dans le voisinage une troupe d'un effectif assez important pour les garder. Les projectiles n'agiront pas toujours efficacement contre ces ouvrages. On ne pourra détruire les voies ferrées qu'en débarquant la nuit, à l'improviste. Dans de semblables conditions, toujours sous l'empire de la crainte d'être surpris, le dommage causé ne pourra pas être bien sérieux et sera facilement réparable, parce que les ouvrages d'art seront gardés ; on ne pourra s'attaquer qu'à des tronçons de voie. Cet inconvénient, du reste, a presque disparu pour la ligne du P.-L.-M., qui, il faut bien le dire, n'a pas été construite dans un but de défense ; cette ligne passe trop près de la mer, dans les environs de Cannes et de Nice. La construction du chemin de fer du Sud de la France fait que sa destruction n'arrêterait pas les mouvements de troupes. En temps de guerre, la surveillance des lignes côtières serait sans doute solidement organisée, et nous aimons à croire que l'on ne s'y aventurerait pas sans avoir beaucoup de chances de se heurter à forte résistance. Des postes établis de distance en distance, auraient vite fait de rejeter à la mer l'imprudent qui aurait eu l'audace de débarquer dans ce but.

Des débarquements. — On peut aussi se proposer de débarquer sur une côte ennemie des corps de troupes, soit pour marcher vers l'intérieur du pays, soit pour occuper un point de la côte. Si nous prenons le cas qui nous touche le plus, celui d'une guerre avec l'Italie et l'Allemagne, il est certain que nous commettrions une bien lourde faute en faisant des détachements destinés à des hors-d'œuvre, à des opérations divergentes.

Nous n'aurons pas assez de monde sur notre frontière de l'Est pour y songer. Il ne faut jamais faire de détachements avant la bataille, écrivent Frédéric II et le maréchal Gouvion Saint-Cyr. La destruction du corps de Vandamme à Kulm, la prise des divisions Partouneaux et Puthod à la Bérésina et à la bataille de la Katzbach appuient l'opinion de ce dernier homme de guerre. Ce qui était vrai à son époque l'est encore aujourd'hui.

En 1870, tout le monde sait qu'une force française devait opérer un débarquement en Allemagne, et le général prussien Vogel de Falkenstein avait même reçu le commandement d'une armée de 70,000 hommes pour s'y opposer. Dès les premières affaires, cette idée fut vite abandonnée comme impraticable. Nous n'étions même pas capables de nous défendre chez nous; nos corps d'armée, placés à de trop grandes distances les uns des autres, étaient battus en détail, à Spickeren et à Frœschwiller, sans pouvoir être secourus par les autres.

Il nous manquait plusieurs corps pour relier entre elles les deux masses principales, et une division du 5ᵉ corps, placé à Bitche, n'atteignait Frœschwiller que pour recueillir les vaincus, et aussi pour participer à leur déroute. La division Metman, du 3ᵉ corps, n'arrivait à Forbach qu'à 9 heures du soir, alors que le 2ᵉ corps, général Frossard, était déjà en pleine retraite sur Puttelange.

Deux corps d'armée de plus eussent été suffisants; l'offensive allemande brisée nous permettait de nous ressaisir et de rétablir l'équilibre. Porter la guerre chez les autres était une utopie caressée par un cerveau malade, alors que nous n'avions pas même les forces suffisantes pour repousser une terrible offensive. Il eût été cependant si facile d'avoir ces corps d'armée qui nous manquaient! Les 80,000 inscrits maritimes, qui se sont croisé les bras pendant toute la durée de la guerre, auraient été fort utilement employés. En voulant être forts à la fois sur terre et sur mer, il est arrivé que nous avons été plus faibles partout. C'était encore le système en cordon.

Avec tout l'attirail qu'entraîne à sa suite un corps d'armée, il est difficile de débarquer une force très supérieure à cet effectif. Et encore, ce corps d'armée sera-t-il privé de l'arme qui lui serait le plus nécessaire pour la destruction des chemins de fer et pour empêcher la mobilisation : la cavalerie ! Les chevaux, voitures, caissons et munitions constituent de considérables impedimenta ; le débarquement ne s'effectue que lentement, et si ce n'est pas par mer calme, on éprouvera des ennuis de toute sorte. A un moment donné, la mer grossit, et on est obligé de tout interrompre.

Pendant le temps assez long qu'exige le débarquement d'une pareille force, l'ennemi ne sera pas resté inactif. Suivant ses intentions, il surveillera de près le débarquement et jettera à la mer les premières fractions qui s'établiront cherchant des appuis, en profitant du premier ébranlement qu'il produira par une attaque générale. Il peut aussi estimer qu'il y a avantage à la laisser débarquer, pour la harceler ensuite, manœuvrer sur ses flancs et la forcer à capituler. Un corps d'armée qui tenterait une semblable entreprise irait de gaieté de cœur affronter les plus grands dangers. Que sont, en effet, ces quelques milliers d'hommes à côté des masses énormes que la mobilisation mettra en mouvement au moment de la guerre? Et quelle diversion pourraient-ils bien tenter, sans être aussitôt tournés ou cernés? Car il ne faut pas se dissimuler que la base d'opérations manque à notre petite armée. Sa seule base est sa flotte, ou un point dont elle aura pu s'emparer avant de se mettre en marche.

La lettre du maréchal Vaillant au général Canrobert, au commencement de la guerre de Crimée, rend bien compte de cette situation. Le maréchal Vaillant avait recommandé plusieurs fois de fortifier Kamiesh. Il avait écrit à Canrobert: « Si la paix ne se fait pas immédiatement, il faut nous mettre en mesure de prendre une grande et belle offensive. Comment la prendre, comment ne laisser qu'une partie de notre armée devant Sébastopol, si nous ne mettons pas en sûreté avant tout cette baie, que nos troupes ont si justement appelée « baie de la Providence » ? Ce projet nous assure la possession de ce coin de terre à jamais; c'est un nouveau Gibraltar. » (Camille Rousset, *Guerre de Crimée.*)

Cette armée n'aura donc qu'une seule ligne d'opérations, qui sera en même temps sa ligne unique de communication et de retraite. Plus la base d'opérations est grande, et moins on a de chances d'être tourné.

Bülow, qui réclamait un angle de 60° entre la base et l'objectif d'une armée, n'aurait sans doute pas été partisan des débarquements. Il ne les mentionne pas dans ses ouvrages, sans doute parce qu'il ne les considère pas comme une opération sérieuse à tenter en Europe.

Au contraire, l'ennemi ayant ses communications assurées, peut battre en retraite dans toutes les directions. Il n'a qu'à prendre vis-à-vis de l'agresseur une position de flanc, et voilà ce dernier fort embarrassé. S'il continue à marcher, il découvre son unique ligne de retraite ; s'il fait un changement de front pour combattre, cette ligne de retraite étant parallèle à son front de combat, il est obligé, en cas de revers, de défiler devant le front ennemi. S'il est battu, sa défaite devient un désastre, tandis que si le défenseur a le dessous, il ira se reformer plus loin. Rarement la victoire du premier sera décisive, à moins de fautes trop graves du défenseur.

Pendant la guerre de Crimée, l'armée anglo-française resta toujours rivée à sa base, c'est-à-dire à la baie de Kamiesh, et le maréchal Pélissier ne voulut jamais consentir, malgré les avis de Niel et ses lettres à l'empereur, à l'abandonner, pour prendre cette belle offensive dont parlait le maréchal Vaillant contre l'armée de secours du prince

Gorstchakoff. Avant ce dernier, Menschikoff avait cherché à nous couper de cette base et à nous jeter à la mer. La bataille d'Inkermann, où nous courûmes de si grands dangers, n'eut pas d'autre but.

Nous pensons que le maréchal Pélissier agit sagement dans cette circonstance, et nul ne peut prévoir ce qui serait arrivé s'il se fût lancé à la poursuite de cette armée de secours dans l'intérieur de la Crimée.

Les débarquements ne peuvent réussir aujourd'hui en Europe que s'ils s'exécutent en pays ami ou soulevé contre un envahisseur. En pareil cas, le nouvel arrivé voit se concentrer autour de lui toutes les forces vives de la nation, dont il vient réchauffer l'enthousiasme et la haine contre l'ennemi commun. Il est soutenu par les populations; sa force s'accroît à mesure qu'il s'avance. « *Vires acquirit eundo.* »

Telle fut l'idée qui inspira, en 1795, le débarquement des émigrés à Quiberon, d'où ils pensaient soulever toute la Bretagne.

Mais l'exécution ne répondit point à la hardiesse de la conception. Ils s'attardèrent beaucoup trop longtemps dans cette presqu'île fatale, au lieu de se répandre comme un torrent dans toute la Bretagne qu'ils eussent entraînée avec eux. Le général Hoche eut le temps de les y cerner, et la prise du fort Penthièvre causa leur perte.

Le débarquement des Russes et des Anglais en Hollande, en août 1799, ne put réussir, malgré la perte de la flotte hollandaise, parce que le gouvernement batave, les généraux Daendels et Dumonceau, restèrent toujours fidèles à la France. Le général Abercrombie ne put débarquer qu'après un sanglant effort, et les batailles de Bergen, d'Egmond et de Castricum, suivies de la convention d'Alkmaër, amenèrent l'évacuation de la Hollande.

Rarement les hommes qui ne sont point habitués à la mer retrouvent, même après la plus courte navigation, au moment où ils touchent la terre, leur force et leur agilité, toute l'impulsion de leur courage. Le succès des débarquements passés, celui du général Abercrombie, par exemple, au Texel, exécuté les armes à la main, entre le feu des vaisseaux qui le protégeaient et celui des troupes ennemies qui défendaient le rivage pied à pied, semble démentir cette observation. Mais on peut répondre que la présence du double danger dans lequel chacun se trouve comme précipité fait faire un effort extraordinaire.

On est tout à coup jeté au milieu de l'action et comme abandonné par un élément qui force à conquérir l'autre. Il est bien différent d'avoir à former, à faire marcher et combattre des troupes immédiatement après un tranquille débarquement, surtout si elles sont déjà fatiguées par une longue et pénible navigation, et si elles ont été très serrées à bord des bâtiments de transport. Alors, non seulement il se trouve un assez grand nombre d'individus tellement affaiblis, qu'ils sont incapables d'aucun service, mais les corps de troupes présentant les mêmes inconvénients, ils ne peuvent à l'instant reprendre tous les avantages de leur organisation, leur jeu et leur force d'ensemble, à cause de l'extrême inégalité de forces qui, dans ce cas, se trouve entre les individus, entre les éléments dont ces corps se composent. (Lieutenant général Mathieu-Dumas.)

En débarquant en Portugal, Wellington eut immédiatement pour lui toutes les forces de l'insurrection. C'est grâce à l'aide des Espagnols et des Portugais qu'il balança d'abord le succès à Talaveyra de la Reyna, qu'il tint Masséna en échec devant les lignes de Torrès-Vedras, et qu'il remporta ensuite les victoires décisives des Arapiles et de Vitoria sur Marmont et le roi Joseph. Avant ces événements, le général Junot avait perdu le Portugal avec la bataille de Vimeiro. Le général anglais Stuart, en débarquant dans la Calabre, occupée par les Français, avait vu le pays se déclarer pour lui, et le canon de la bataille de Sainte-Eufémie avait mis en branle tous les tocsins du royaume de Naples.

Depuis la guerre de Crimée, tout a bien changé en Europe. Une nouvelle guerre de Crimée ne pourrait plus avoir lieu, parce que les lignes de communications des Russes vers ce pays se sont fort améliorées. Elle n'a pu réussir que parce que ces lignes de communications étaient encore plus mauvaises que les nôtres, qui cependant suivaient la mer. Si l'on se rappelle qu'à ce moment la marine à vapeur existait à peine, il fallait que les moyens de communication en Russie fussent bien primitifs. Il n'y a pas un pays en Europe où l'on pourrait essayer de débarquer, en dehors des considérations que nous avons émises plus haut.

Le lieutenant-colonel Kœstchau, dans son livre : *La prochaine guerre franco-allemande,* s'exprime ainsi : « La presqu'île du Jutland « pourra, avec ou sans l'assentiment du Da- « nemark, être choisie comme point de dé- « barquement d'un corps d'armée français « plus ou moins important.

« On a paré au danger qui en résulterait

« en construisant de nombreux chemins de « fer conduisant dans le Schleswig, c'est-à-« dire dans la partie allemande la plus sep-« tentrionale de la presqu'île appartenant à « la Prusse. Nous connaissons le chiffre « exact des troupes que la France, alliée à « ce moment à la première puissance mari-« time du monde, avait pu transporter en « Crimée et y faire subsister péniblement. Il « ne lui serait pas possible de faire pénétrer « dans le Schleswig un corps d'armée sen-« siblement plus considérable. Pour le suc-« cesseur de Vogel de Falkenstein, un corps « d'armée de ce genre s'élevant à 30,000 « hommes, tout au plus à 60,000, serait une « bonne aubaine ; il le verrait arriver avec « joie et, au bout de huit jours, il l'aurait, « par ses manœuvres, acculé dans un coin « du pays choisi pour le contraindre plutôt « à capituler qu'à se rembarquer. »

Cette opinion nette et catégorique jette une grande clarté sur la question des débarquements dans des pays européens. Les opérations des Anglais, leurs débarquements sur nos côtes, ne réussirent plus dès qu'il y eut en France un peu d'organisation. L'on sait très bien qu'en 1695 l'on disait, en se moquant, qu'ils cassaient des vitres avec des guinées.

Pour défendre nos côtes contre un ennemi qui menacerait de nous envahir par mer, il suffirait, dans la Méditerranée, d'un corps mobile de 25,000 à 30,000 hommes, et de deux corps d'égale force sur les côtes de l'Océan et de la Manche. Réunis en un point central, ces corps seraient rapidement transportés sur le point menacé, et il ne faudrait pas longtemps pour cela. Ce serait à peu près la force de l'armée de Vogel de Falkenstein en 1870. Avec une pareille force et des forts et batteries élevés pour défendre les villes contre un bombardement, et les quelques points favorables aux débarquements, la côte de France jouirait de la plus parfaite sécurité, sans garde-côtes et sans torpilleurs.

Car les moyens dont dispose la défense

se sont accrus en bien plus grande proportion que ceux de l'attaque. Le télégraphe et les chemins de fer permettent de rassembler sur un point donné une force importante dans un temps relativement assez court. Il ne sera pas difficile aux sémaphores de la côte, ou mieux aux guetteurs (car il n'est même pas besoin de sémaphores, dont la position connue ne peut manquer d'attirer les projectiles de l'ennemi, ou même quelques attaques directes), de faire connaître aux chefs des secteurs voisins l'apparition d'une flotte paraissant être considérable.

Il ne faut pas se dissimuler, en effet, qu'il faut une flotte considérable pour transporter un corps de débarquement. L'éveil sera bientôt donné ; vite les premières troupes afflueront comme une marée montante, se grossissant sans cesse de nouveaux renforts.

Point n'est besoin pour cela de désorganiser nos troupes de première ligne. Les inscrits maritimes, en ce moment complètement inoccupés et qui, lors d'une mobilisation, iront pourrir dans les ports d'inaction et d'ennui, sont tout indiqués dans ce but. On a vu à quoi ils ont servi en 1870, où 80,000 hommes ont été immobilisés, faute d'organisation. Et cependant, ils eussent si bien fait sur les champs de bataille de Wœrth, Spickeren ou Saint-Privat !

Quand un pays, par suite d'une politique mal entendue, ne se protège pas, surtout contre le plus grand danger qui peut l'assaillir, on peut dire qu'il n'y a pas de direction, pas d'orientation dans son gouvernement.

En temps normal, ces inscrits maritimes fourniraient la garnison des villes maritimes non frontières. Toulon, Marseille, Cette, Bordeaux, Rochefort, La Rochelle, Nantes, Lorient, Brest, Saint-Brieuc, Saint-Malo, Cherbourg, Le Havre, Dieppe, Boulogne, Calais, seraient les garnisons des trois corps d'armée qu'ils seraient appelés à constituer. Ils seraient divisés en troupes d'infanterie, d'artillerie de forteresse pour les forts, d'artillerie de campagne et de cavalerie. On ferait refluer, vers la direction de la frontière, les troupes de première ligne, qui y seraient beaucoup mieux à leur place.

Pourquoi, par exemple, avoir un régiment d'infanterie de ligne à Brest? Il serait beaucoup mieux placé à Rennes. N'est-il pas grotesque, en revanche, d'avoir de l'infanterie de marine à Paris?

On pourrait rendre à ces corps leur dénomination d'autrefois : armées des côtes de la Méditerranée, de l'Océan, de la Manche.

Une telle organisation serait bien plus efficace pour nos côtes que l'appui problématique que peut donner à cette défense une marine de guerre. Dans tous les cas, elle aurait cet immense avantage de coûter bien moins cher. Ces troupes pourraient de plus participer à la défense du pays, au moment de la lutte suprême; et leur appoint ne serait pas à dédaigner.

GUERRE AVEC L'ALLEMAGNE

La guerre avec l'Allemagne devrait être la préoccupation constante de nos gouvernants. Le péril est au nord-est ; on semble trop l'oublier ou le méconnaître. Nous nous voilons les regards pour ne pas apercevoir le danger qui nous menace.

La rage de la politique coloniale, le développement exagéré de la marine, en sont une preuve palpable. On veut chercher ailleurs des compensations, on a peur de l'Allemagne ; on ne veut de la guerre à aucun prix. Un budget de la marine moitié de celui de l'armée de terre, l'inauguration de la politique coloniale, prouvent que la France ne veut plus gêner l'Allemagne ; et qu'elle n'entend pas rentrer en possession de l'Alsace-Lorraine par la guerre.

Et cependant, selon M. de Chaudordy, ce n'est qu'à ce prix qu'elle pourra recouvrer sa puissance et son influence d'antan. Mais on dit que le gouvernement français craint tout autant la victoire que la défaite, et que le général qui rendrait à la France les limites du Rhin, lui serait aussi redoutable que l'Allemand vainqueur. Le temps n'est plus où Isnard, du sein de la Convention, évoquait le général victorieux, qui effraie si fort aujourd'hui ; mais qu'on y prenne bien garde, s'il réapparaissait quelque jour, il serait peut-être coiffé d'un casque à pointe.

Quoi qu'il en soit, dans un duel avec l'Allemagne, la France sera vaincue ou victorieuse ; mais elle a d'autant plus de chances de réussir dans cette lutte suprême, qu'elle y consacrera toutes ses ressources. Si elle est victorieuse, ses armées pénétreront dans l'intérieur de l'Allemagne, et leur objectif sera d'abord Berlin, pour de là rayonner sur le territoire ennemi, si la paix n'est pas conclue après le forcement des trois barrières du Rhin, du Weser et de l'Elbe. On pourrait difficilement assigner un rôle à sa marine. Quand bien même elle battrait et détruirait la flotte allemande, que ferait-elle après? Irait-elle bloquer quelques ports allemands : Brême, Hambourg, Stralsund ou Danzig? Le commerce n'aime pas la guerre, et le tort fait à ces ports ne serait pas considérable.

Si une armée française pouvait, comme en 1806, s'avancer jusqu'à Danzig, elle n'aurait pas besoin de l'appui d'une flotte française. Occupant le pays, elle n'aurait pas à craindre que cette ville fût ravitaillée ou secourue par la flotte allemande, comme elle le fut autrefois par la flotte anglaise, par les Russes de Kamenskoï et les Prussiens de Bülow. Ces diversions n'empêchèrent pas le maréchal Lefebvre de prendre la ville. Pas plus maintenant qu'autrefois, la flotte ne saurait nous apporter le moindre appoint.

L'Angleterre était notre ennemie en 1806 ; le rôle de sa flotte a été nul dans cette guerre. Elle a perdu quelques navires dans la Vistule, et sa coopération ne put empêcher la prise de la ville qu'elle voulait secourir. Les enseignements de l'histoire existent, et bien coupable qui les néglige.

Si nous sommes vaincus dans les premières batailles, l'ennemi se portera rapidement dans la direction de Paris ; tout l'effort de la lutte restera en dehors des sphères maritimes. On sera probablement obligé dans ce cas de débarquer les marins comme en 1870, et de les mettre à terre, où ils feront de mauvais soldats, faute de préparation, de toute organisation préalables.

Franchement, il faudrait mieux se prémunir avant contre cette éventualité. Si, comme en 1870, il n'y a personne pour armer les forts, on pourra peut-être les y verser, car tout le monde sait que ce ne sont pas les meilleures troupes que l'on emploie à ce genre de guerre.

Ils assisteront en frémissant à l'écroulement de la patrie qu'ils n'auront pu empêcher, et auquel, malgré eux, ils auront contribué. Car, à cause d'eux, il nous aura manqué, au point décisif, quatre corps d'armée, formés par les équipages, les inscrits maritimes et par les troupes employées dans les colonies.

Il manquera non seulement ces quatre corps d'armée, mais encore les trois cents millions dépensés chaque année pour la flotte, ainsi que les centaines de millions enfouis daus la politique coloniale, et qu'on ne retrouvera pas au jour de la lutte.

Il y a en France certains hommes politiques qui, croyant servir les intérêts du pays, M. Lockroy, par exemple, professent l'opinion que la marine nous a servi à prolonger la guerre en 1871. Basant là-dessus ses arguments, il demande de nouvelles augmentations en faveur de la flotte, en arguant du péril national; ignorant qu'il n'y a pas et qu'il ne saurait y avoir de péril national, quand il s'agit des choses de la marine. Tout en regrettant que les idées de M. Lockroy soient fausses, et par là même fort nuisibles, nous ne pouvons cependant que lui rendre justice; car c'est le seul qui ait pensé à quelque chose pendant son passage au ministère de la marine.

Il est vrai qu'en 1871 la mer est restée libre pour nous, ce qui a permis de faire arriver quelques armes de provenance américaine. Cet argument mérite un certain développement. Était-il sage, d'abord, toute question de dynastie mise à part, de continuer la guerre après Saint-Privat, et surtout après Sedan?

On fait la guerre avec des soldats, non avec des troupes désorganisées par la misère et la défaite. La partie était perdue après Saint-Privat. Il ne restait plus alors à la France que l'armée de Châlons, dont plus de la moitié: le 1er, le 5e et une partie du

7e corps, avait participé à la déroute de Frœschwiller, et dont le restant, le 12e corps, était composé d'éléments hétérogènes[1]. Ce n'était pas avec une armée semblable que l'on pouvait affronter des troupes victorieuses et ivres de leurs succès inespérés.

L'expérience a prouvé que le moral d'une troupe battue est déprimé pour le restant de la campagne. On l'avait dejà remarqué pour les Russes battus à Diernstein en 1805; l'exemple de Sedan l'a surabondamment prouvé.

Le feldzeugmeister Benedeck ne conseillait-il pas à l'empereur d'Autriche de traiter le plus vite possible après les combats malheureux de Podol, Nachod, Trautenau et Gitschin?

L'Autriche n'a-t-elle pas finalement traité après Sadowa? La continuation de la guerre en 1870 n'a été qu'une dernière convulsion

1. J'ai des marins, écrivait Mac-Mahon du Chêne, qui ne savent pas marcher.

du vaincu, expirant sous les coups de son vainqueur; tel un ver de terre agitant ses deux extrémités, sous le bâton qui l'écrase. Elle ne pouvait aboutir, et n'a été entreprise que pour servir de tremplin à des ambitieux. On sait comment ils ont fait la guerre; leurs plans ne déparaient pas le désarroi général de cette néfaste époque.

On connaît les ordres donnés par Gambetta à d'Aurelle de Paladines. Pourquoi, et dans quel but, Chanzy s'obstinait-il à faire la guerre dans l'Ouest, dans le prolongement de la ligne de communication des armées allemandes? C'est sur leur flanc qu'il eût fallu agir; il fallait, mais dans de plus grandes proportions, reprendre l'exécution du plan que Napoléon avait confié à Augereau en 1814, et que la trahison de ce maréchal fit définitivement échouer à Limonest. Ce plan fut repris en effet, mais exécuté avec des généraux médiocres et une armée plus médiocre encore; il vint échouer piteusement devant la résistance de Werder, sur la Lisaine. On devait tourner cette position, s'inspirant en cela de l'exemple de Saint-Privat ; mais un simple détachement allemand donna le change à la colonne chargée d'exécuter ce mouvement. Quand les choses se passent de cette façon, toute opération de guerre devient impossible. Malgré tous ces échecs répétés, malgré ces efforts qui ne pouvaient aboutir qu'à des désastres plus grands encore et à de nouvelles humiliations, on prétend que la France républicaine a sauvé l'honneur de la France impériale. Les batailles sous Paris, celles d'Orléans, du Mans, de la Lisaine et la retraite de l'armée de l'Est n'ont, certes, pas été plus honorables pour la France que Saint-Privat. Nous, pour qui il n'y a qu'une France, nous maintenons qu'on eût dû faire la paix après Saint-Privat.

L'empereur serait rentré vivant ou mort dans Paris ; nous n'avons pas à le discuter, nous ne faisons pas de politique ; nous ne considérons que l'intérêt supérieur du pays.

Eh bien, cet intérêt supérieur était de faire la paix après Saint-Privat. Il est malheureux qu'un pays se croie obligé de continuer une guerre malheureuse, pour une dynastie ou pour satisfaire l'orgueil de quelques individus.

On n'a pas vu de mouvements révolutionnaires en Prusse après les événements de 1806, ni en Autriche après ceux de 1805 et de 1809. Et cependant l'ennemi avait occupé la capitale de ces deux pays! La Prusse en est-elle diminuée aujourd'hui?

Ceci étant bien posé, revenons à la question capitale, qui nous occupe, à savoir que c'est la marine qui a permis de prolonger la guerre, en débarquant ses canons, ses fusils, ses matelots, et en permettant à l'étranger de nous fournir les armes qui nous manquaient.

Si ces canons, ces fusils, ces matelots avaient appartenu au ministère de la guerre, en un mot, si ce dernier avait eu la libre disposition des 150 millions de la marine, ils se seraient trouvés plus tôt là où ils auraient dû être, et eussent rendu des services beaucoup plus importants.

Nul n'ignore que les places de Strasbourg et de Metz n'étaient pas armées.

A Metz, les forts n'étaient pas achevés; à Strasbourg, ils manquaient. Les forteresses de Marsal et de la Petite-Pierre étaient presque abandonnées.

Que dire des places de La Fère, Toul, Verdun et Belfort? Ce n'est qu'au commencement de la guerre, que le général Doutrelaine traça les fortifications extérieures de cette place. Sans doute, il y a eu de l'incurie; mais il y a eu aussi manque de ressources, et les gens de l'opposition, le fameux Jules Simon, par exemple, qui refusèrent les crédits demandés par le maréchal Niel, furent bien coupables. Il est probable que si la guerre avait eu à sa disposition les 150 millions de la marine, on eût été plus en mesure de repousser la formidable offensive que l'Allemagne se préparait à prendre contre nous, et que les esprits clairvoyants ne prévoyaient que trop.

Enfin, l'armée se serait grossie d'une centaine de mille hommes, dont 80,000 inscrits maritimes, qu'on ne sut pas utiliser pendant toute la guerre, faute d'organisation préalable, et de 20,000 matelots. Ces renforts eussent porté à 350,000 hommes environ l'effectif de l'armée française. La disproportion des forces n'eût pas été aussi accablante pour nous au début de la guerre. Avec un corps d'armée de plus, Mac-Mahon pouvait triompher à Frœschwiller, ou du moins arrêter pendant quelque temps, la marche ininterrompue du prince royal et de la IIIe armée. Si un corps d'armée eût été placé en réserve derrière le 6e corps à Saint-Privat, la garde prussienne eût été anéantie; le mouvement tournant du XIIe corps saxon avortait fatalement. La bataille était une victoire pour nous, puisque, sur leur droite, les Allemands n'avaient essuyé que de sanglants échecs; qui eût pu en prévoir les suites incalculables?

Avant d'avoir du luxe, il faut songer à vivre.

Lorsqu'il s'agit de la lutte suprême, il est bien préférable de consacrer toutes ses ressources à l'effort de la première heure, que de s'ingénier à savoir comment on pourra prolonger cet effort; en en distrayant le tiers ou même la moitié de ses moyens, comme nous sommes en train de le faire; en jetant, on peut le dire, 300 millions par an à la mer. L'argent, dit-on, est le nerf de la guerre, et il nous fera cruellement défaut quand reprendra cette lutte terrible.

L'ennemi qui peut nous porter le coup de grâce est devant nous, prêt à tout écraser du premier choc; ses journaux distillent à toute occasion sur nous le venin de leurs invectives; nous savons que cet ennemi seul nous menace dans notre existence, et nous n'employons pas contre lui toutes les ressources dont nous pouvons disposer! C'est de la folie pure.

Si, au lieu d'avoir eu besoin de la marine, qui, dit-on, nous a permis de soutenir la guerre en 1870, nous eussions mieux préparé cette guerre que tout le monde prévoyait, en créant à l'avance des approvisionnements d'armes, de munitions, d'habillement et de vivres; si nos places eussent été convenablement armées, nous eussions très bien pu lutter fort longtemps avec plus de chances de succès, sans recourir à l'étranger.

La France a diminué de tout ce dont s'augmentaient ses voisins, l'Allemagne et l'Italie.

Elle n'est plus assez forte, comme elle l'était du temps de Louis XIV, pour faire la guerre à la fois sur terre et sur mer. Les guerres terrestres ont changé de caractère: ce ne sont plus, comme autrefois, des armées de 50,000 à 100,000 hommes qui se mettent en mouvement, c'est toute la nation. Il faut donc ne rien négliger pour préparer la guerre qui doit décider du sort de la France; car ce n'est pas, à coup sûr, la guerre maritime qui retardera d'un seul instant les résultats de la guerre de terre.

Il est de toute nécessité, si nous ne voulons pas éprouver un nouveau 1870, de consacrer toutes nos ressources en vue de cet effort à produire.

Il faut construire des forteresses, des batteries et des chemins de fer, tant sur les frontières maritimes que sur les frontières de terre. Il faut fortifier la Loire, et cette base en équerre, d'Orléans à Nevers et de Nevers à Chagny, dont parle le général Pierron : il faut qu'on puisse aller plus facilement du sud-ouest au nord-est de la France.

Du rôle de la flotte allemande. — En cas de guerre avec la France, quel serait le rôle de la flotte allemande ? Pour résoudre cette question, dont beaucoup s'exagèrent l'importance, il n'y a qu'à revenir aux guerres de l'Empire, alors qu'il n'y avait plus de flotte française.

Qu'a fait la flotte anglaise contre nos côtes ?

Tous les efforts qu'elle a voulu tenter ont été vains. Quoique l'armée française fût occupée en Prusse, en Espagne, en Autriche et en Russie ; quoique la Vendée fût incomplètement pacifiée (on le vit bien en 1815), cette flotte n'entreprit rien sur nos côtes, à l'exception d'un débarquement dans l'île de Walcheren, qui du reste n'obtint qu'un succès tout à fait négatif.

La flotte allemande jetterait peut-être quelques projectiles sur le Havre ou sur Dieppe ; peut-être ses croiseurs captureraient-ils quelques paquebots, ou plutôt quelques cargo-boats ; et c'est là tout le dommage qu'elle pourrait causer. Les côtes de France sont vastes (2,700 kilomètres), il ne paraît pas possible d'exercer un blocus rigoureux ; un navire à vapeur bon marcheur pourra toujours entrer dans un port quelconque, car les blocus sont pénibles et difficiles à tenir. Les frontières libres pourraient du reste servir de voies de communication avec les autres pays; c'est ce que l'on ne doit pas oublier, surtout dans le cas d'une guerre franco-anglaise.

La flotte allemande ne doit pas nous inquiéter au point de vue de la guerre. Son rôle serait aussi nul que l'a été celui de la flotte française en 1870. Quant à celui d'une flotte française contre l'Allemagne, même après avoir détruit tous les vaisseaux allemands, l'expédition de la Baltique a trop bien montré ce qu'elle pourrait faire; nous n'y reviendrons pas ici, le considérant comme absolument nul et même nuisible.

GUERRE AVEC L'ITALIE

On a vu, par les campagnes de 1796, 1799 et 1800, sans remonter plus haut, que Bonaparte et Souvarow avaient successivement conquis l'Italie, sans le secours d'aucune flotte.

Pourquoi en serait-il différemment aujourd'hui?

La flotte, il est vrai, pourrait bombarder quelques villes du littoral italien; mais on peut se demander quel serait le résultat de ce bombardement au point de vue final de la guerre. Nul, si nous sommes victorieux; si, au contraire, nous sommes vaincus, il servirait de prétexte à de terribles représailles. Les Italiens incendieront, pilleront et rançonneront nos villes ; ils commettront, pour se venger, tout sorte d'excès. Nous avons prouvé qu'un débarquement dans des pays organisés est tout à fait illusoire. Et à quoi bon débarquer en Italie, puisque nous garderions d'un autre côté la défensive au pied des Alpes ? Peut-être la flotte pourrait-elle détruire quelques voies de chemin de fer, mais quelle serait l'utilité de cette destruction, si on réussissait, ce qui est encore problématique ? La mobilisation italienne nous importe peu, puisque nous ne devons garder que la défensive. On peut à coup sûr avancer que la destruction non assurée de quelques kilomètres de chemin de fer nous coûterait un peu cher, et l'on est en droit de se demander s'il est bien utile de dépenser annuellement trois cents millions pour un semblable exploit. Les opérations divergentes ne pouvant être que nuisibles, nous considérons que le rôle de notre flotte, dans le cas d'une guerre avec l'Italie, serait nul. Dans le cas de l'offensive contre l'Italie, les généraux de la République et Bonaparte nous ont tracé la voie à suivre.

Rôle de la flotte italienne. — Il est de toute évidence que l'effort de la flotte italienne se porterait sur l'Algérie et la Tunisie. Un débarquement italien serait à craindre de ce côté. Flanquée au nord et à l'est de deux redoutables ennemis qui forment contre elle une base enveloppante[1], la Sardaigne et la Sicile, la Tunisie pourrait subir une attaque de ces deux directions. Le point faible de l'Algérie-Tunisie s'étend du cap Serrat à Sousse, c'est la porte par laquelle se ruerait l'envahisseur. Heureusement pour nous, les points favorables à un débarquement sont fort rares, on sait qu'il n'y a pas de ports naturels en Algérie. En Tunisie, on ne trouve guère que les mauvais ports de la Goulette ou de Sfax, mais Sfax est bien éloigné de Tunis.

1. Le général Lloyd écrit : « Toute frontière convexe du côté de l'ennemi est indéfendable ».

Nous avons en Algérie le 19e corps, que l'on ne peut malheureusement pas rapatrier, car sa présence serait plus utile sur les champs de bataille européens qu'en Afrique. Il y a actuellement des chemins de fer en Algérie et en Tunisie; des batteries ont été construites sur les points principaux. Mais cela n'est point suffisant, il faut encore construire des batteries et des chemins de fer, surtout sur le front que nous indiquons plus haut ; il faut que les troupes de la défense puissent se porter rapidement sur le point menacé. C'est certainement la Tunisie que viseraient les efforts de la flotte italienne.

Les divisions de Tunis, de Constantine et d'Alger suffiraient à tenir les Italiens en échec, en supposant qu'ils eussent pu débarquer. On leur ferait, nous disait un officier de cette brave armée d'Afrique, la guerre que les Arabes nous ont faite. Mais il n'en est pas moins vrai qu'il faut se hâter de construire des chemins de fer, surtout des chemins de fer côtiers, et qu'il ne faut pas hésiter à accumuler des batteries et encore des batteries sur le littoral. Il faut adopter pour l'Algérie le même système que pour les côtes de France. Le seul danger pour l'Algérie-Tunisie serait l'insurrection arabe au moment d'une guerre européenne. Nos gouvernants devraient surtout chercher à faire disparaître cette éventualité, en ne faisant pas souhaiter aux Arabes une autre domination que la nôtre. Il faut, pour cela, leur accorder toutes les libertés compatibles avec notre établissement dans ce pays.

Depuis longtemps on a installé des défenses mobiles en Algérie.

Les côtes d'Algérie sont trop rectilignes pour se prêter à un semblable genre de défense. Les ports artificiels, formés seulement par des jetées, qui ne sont point défendues par des batteries qu'elles supportent directement, ne sauraient abriter bien longtemps les torpilleurs, qui seraient détruits en plein jour, avant d'avoir pu rien entreprendre. Les ports fermés seuls peuvent être défendus par ce moyen, illusoire pour les ports artificiels ou trop ouverts pour pouvoir être efficacement défendus par les batteries.

La flotte italienne pourrait peut-être encore s'attaquer à la Corse, c'est pourquoi il faut aussi la défendre avec des troupes mobiles et des batteries. Il faut empêcher l'ennemi de débarquer à Santa-Manza et de prendre Bonifacio à revers. La possession de la Corse n'augmenterait pas beaucoup les avantages militaires de l'Italie, et d'un autre côté, nous aurions intérêt à opérer surtout contre la Spezia et à ne pas laisser sur nos derrières ce port militaire. Ce ne serait qu'après la prise de la Spezia, avec la coopération de l'armée, que notre flotte pourrait songer à s'avancer plus loin.

La Corse ne nous serait donc pas d'un très grand appoint contre l'Italie. D'un autre côté, elle se trouve en dehors de nos communications avec l'Algérie ; celles que l'on pourrait y établir avec ce pays, étant fortement et directement menacées par la

Sardaigne. Elle se trouve aussi en dehors d'une action directe contre l'Italie. La valeur stratégique de cette île n'est pas aussi grande que l'ont laissé entendre certains auteurs maritimes. Les îles d'Elbe et de Capraja remplacent la Corse pour l'Italie, au point de vue des opérations maritimes.

Ce ne serait que par un vain orgueil qu'elle serait tentée de s'en emparer.

Il faut couper court à toutes ces velléités en fortifiant davantage ce pays et en y organisant les cadres d'une défense efficace. Le régiment qui y tient garnison est insuffisant pour cela ; et il est indispensable de faire appel aux officiers et sous-officiers retraités, qui sont si nombreux en Corse. Une telle organisation ne semble ni compliquée ni difficile.

Mais c'est une erreur de croire que la Corse fortifie beaucoup notre position dans la Méditerranée.

Elle est trop près de la France et trop en dehors des communications avec l'Algérie et avec la Spezia, qui doit être l'objectif principal de la flotte en cas d'une guerre localisée entre l'Italie et la France. Elle ne saurait guère nous servir d'échelon pour aller plus loin.

Les forces ennemies anglaises se dirigeant sur nos côtes, soit de Gibraltar, soit de Malte, ces dernières passant par Messine et longeant la côte italienne, arriveraient en vue de Toulon, Nice ou Marseille, sans pouvoir être gênées par la Corse.

La création d'un port militaire à Porto-Vecchio, ne répond à aucune préoccupation.

La direction des efforts que l'on pourrait tenter de ce point serait excentrique, et ses abords sont fortement menacés par la Spezia et la Maddalena.

GUERRE AVEC L'ANGLETERRE

Nous envisageons à un point de vue tout différent l'idée d'une guerre avec l'Angleterre, parce que la victoire même complète de cette dernière ne pourra jamais compromettre l'existence de la France comme puissance continentale, comme nation. La France sera toujours la France, même battue par l'Angleterre; tandis que si elle est battue par l'Allemagne et par l'Italie, ou même par l'Allemagne seule, elle sera sûrement rayée de la carte de l'Europe. Une différence capitale existe donc entre ces deux hypothèses.

Alors que l'Angleterre, poussée par une fixité d'idées remarquable, se créait, d'un côté, par Gibraltar, Malte, Port-Saïd, Aden,

Singapoure et Hong-Kong ; de l'autre, par Sierra-Leone, le cap de Bonne-Espérance et Maurice, une ligne d'opérations pour atteindre sûrement l'Inde et la Chine, nous conquérions des colonies, sans même nous ménager la possibilité de communiquer avec elles en temps de guerre [1]. Il est cependant reconnu que tout pays qui, pour subsister, est obligé, en paix comme en guerre, de recevoir par mer les ressources nécessaires à son existence, périt forcément, au bout d'un temps plus ou moins long, lorsque ces ressources viennent à lui faire défaut. Tel est le cas général de toutes les colonies, à qui il manquerait, en temps de guerre, des hommes et des munitions pour les défendre. La première de toutes les conditions est de pouvoir communiquer librement avec elles, en tout état de choses.

Il faut que toute guerre ait son objectif.

---

1. Tout le succès à la guerre, dit Napoléon, consiste dans le secret des communications.

Celui de l'Angleterre apparaît clairement : en attaquant nos colonies, elle ne ferait que renouveler, avec une facilité encore plus grande, ce qu'elle a fait autrefois, mais en revanche, elle ne peut faire que cela.

Quant au nôtre, il est plus obscur, et ne se dégage point facilement. Notre force principale ne peut sortir du bassin occidental, de la Méditerranée[1]. Nous sommes loin des temps où les navires partaient pour une destination quelconque, avec six mois de vivres dans leurs soutes, où Suffren allait se réparer à Madagascar. La tournée de Villeneuve aux Antilles, pour dérouter Nelson, est presque de la légende ; et ce n'est pas avec les navires d'aujourd'hui qu'on pourrait la renouveler. Ils sont rivés à leur base, comme Prométhée à son rocher, et ne peuvent s'en éloigner. Le sentiment de leur impuissance

---

1. Pour dominer dans ce bassin occidental, il nous faudrait Carthagène, et Port-Mahon-Carthagène et Toulon formeraient la *base en équerre* de Napoléon.

serait le vautour qui rongerait le foie de ceux qui seraient appelés à les diriger.

Il faut toujours, en effet, un arsenal à la portée de ces Garguantuas podagres, pour leur fournir du charbon, des projectiles, ou pour des réparations incessantes. La grande guerre maritime, celle que peuvent faire les Anglais, nous est absolument interdite, parce que nous manquons des bases secondaires qui nous en fourniraient les moyens. Nos cuirassés ne sont que des garde-côtes, comme on le dit en Angleterre, et les côtes n'ont pas besoin d'eux pour être gardées.

Les auteurs maritimes prèchent la guerre au commerce anglais; des croiseurs à long rayon d'action iraient, disent-ils, sur les routes commerciales, détruire le commerce anglais.

Il n'y a qu'un malheur, c'est que ces routes commerciales leur sont absolument inconnues et que les navires de commerce anglais ne tiendront plus la mer qu'à l'abri du canon de leurs navires de guerre.

Ils seront organisés en convois et ne quitteront Hong-Kong, Port-Saïd ou Liverpool qu'escortés par une force protectrice.

Que pourront faire nos croiseurs, dispersés en enfants perdus de la mer, sur d'aussi vastes espaces? Où iront-ils se réparer et se ravitailler?

A peine l'un d'eux sera-t-il aperçu, que l'escorte du convoi ennemi détachera une de ses unités pour l'attaquer ou le masquer, ainsi que fait pour une place ennemie une armée plus forte que la garnison. Et le convoi passera sans encombre! L'Angleterre a assez de navires de guerre pour protéger son commerce, qui se fera à l'abri du pavillon national, comme par le passé, avec l'aide des télégraphes, dont elle détient tous les fils.

La ligne Gibraltar-Malte, au lieu de passer en vue de Bizerte, longera la côte sud et est de l'Espagne, pour aller de là atteindre le sud de la Sardaigne, puis le détroit de Messine.

Malgré la création projetée du port de Bizerte, l'Angleterre aura, dans le bassin occidental de la Méditerranée, à peu près les mêmes avantages stratégiques.

Nos bases seraient Toulon et Bizerte, celles de l'Angleterre Gibraltar et Malte; ces bases étant presque perpendiculaires l'une à l'autre. Bizerte, située sur la ligne Gibraltar-Malte, sera toujours pour les communications anglaises une gène plus forte que Malte pour la ligne Toulon-Bizerte. Il y a 390 milles de Toulon à Bizerte, 250 milles de ce point à Malte, ce qui veut dire qu'une flotte partant de Toulon pour Bizerte sera toujours exposée à rencontrer une flotte ennemie, partie de Malte en même temps.

La ligne Gibraltar-Malte a 1,035 milles de longueur, dont 785 de Gibraltar à Bizerte. Toulon pourra donc jouer à l'égard de Gibraltar, le rôle de Malte vis-à-vis de Bizerte. Le grand avantage d'avoir plusieurs ports augmente la base d'opérations; après un combat malheureux, on a d'autant plus de chances d'en atteindre au moins un ; de plus, l'ennemi qui voudrait les investir, serait obligé de diviser ses forces ; circonstance qui peut être mise à profit.

Ainsi, par exemple, l'Angleterre a une base d'opérations éminemment offensive et exclusivement dirigée contre nous. Sur cette base, elle compte trois ports, Plymouth, Portsmouth, Chatam et bientôt en plus, Falmouth et Douvres. La côte sud anglaise peut donc prendre à bon droit le nom de base, dénomination qui ne peut être attribuée à un port unique sur une longue étendue de côtes.

Si la politique maritime était nécessaire à la France, elle n'aurait pas assez de Toulon sur ses côtes de la Méditerranée, ni de Cherbourg dans la Manche.

Bizerte est située dans ce saillant que nous indiquons comme le point faible de l'Algérie-Tunisie, et peut être attaquée à la fois de front et de flanc. C'est dire qu'il faudrait en faire un camp retranché et l'approvisionner très sérieusement. Malheureusement, la position choisie pour l'arsenal exigera un développement considérable de fortifications et, par conséquent, une très forte garnison. L'entrée doit être agrandie considérablement, et les défenses fortement augmentées. La position choisie pour l'arsenal l'exposera toujours à être attaqué par un ennemi débarqué à Hammamet, Porto-Farina, ou dans les environs de Ras-Enghelah. Cet arsenal eût été mieux situé sur la presqu'île d'Abder-Rhaman. Il eût été ainsi à huit kilomètres de la mer; Toulon en est beaucoup plus rapproché. Enfin, il n'eût exigé là qu'un développement beaucoup moins important de fortifications, moins de garnison, donc plus de troupes mobiles pour tenir la campagne. Il eût été plus facilement défendable, avec des lignes s'étendant du lac au goulet et flanquées de côté et d'autre par des navires, pouvant couvrir de leurs feux l'assaillant, en le prenant d'écharpe, d'enfilade et de revers.

Pendant, donc, que le commerce anglais

continuera à se faire à l'abri du pavillon anglais, les flottes recommenceront contre nos colonies ce qu'elles ont fait pendant les guerres de l'Empire, mais avec des avantages plus sérieux.

Notre ennemie n'a en effet qu'a serrer la main pour fermer le canal de Suez [1], et nous ne pourrons plus atteindre Madagascar ou l'Extrême-Orient, qu'en passant par le cap de Bonne-Espérance. Le port de Dakar, ouvert de tous les côtés, peut être facilement bombardé ou incendié par surprise. La présence d'une flotte anglaise au cap de Bonne-Espérance, qui est une position de flanc, serait un rude obstacle à toute tentative de passage.

Nous avons acquis des colonies, telles que la Cochinchine, le Tonkin, Madagascar, avec

---

1. Si, sous le prétexte de *Salus populi suprema lex*, l'Angleterre s'emparait de Port-Mahon et des Canaries, nos communications avec l'Algérie et le Sénégal seraient fortement menacées. L'importance de Port-Mahon est considérable au point de vue français.

une légèreté d'esprit aussi incroyable que celle qui nous fit perdre la plus belle de toutes, l'Égypte. Nous y avons enfoui des centaines de millions, qui nous manqueront au jour de la lutte décisive, avec un ennemi plus dangereux pour nous que l'Angleterre.

Il est bon de songer à l'avenir, mais il ne faut pas lui sacrifier le présent, d'autant plus que cet avenir colonial est fort incertain.

Un projet de M. Lockroy, adopté par le ministère de la marine, pose en principe la mise en état de défense de certains points, tels que Bizerte, Saïgon, Dakar, Nouméa. On se créerait là des bases secondaires d'opérations. Quelques navires pourront bien, au commencement d'une guerre, prendre ces points comme base; mais, la communication avec ces bases étant interdite avec la mère patrie, elles ne pourront pas servir bien longtemps à leur ravitaillement, et surtout au ravitaillement de toute une flotte; car leurs ressources sont restreintes. L'exemple de Cuba et des Philippines le prouve surabondamment. Il faut un arsenal, des bassins de radoub pour des navires. Saïgon possède bien un arsenal, mais il est peu important; ses approvisionnements seraient vite épuisés. On oublie, si on l'a jamais su, au ministère de la marine, que les bases secondaires, pour mériter ce nom, doivent pouvoir communiquer de tout temps, librement avec la mère patrie.

Qui pourrait, par exemple, approvisionner Bizerte en cas de guerre avec l'Angleterre? Il faudrait pour cela être maître de la mer, car cet arsenal serait privé d'une quantité considérable de matières qui ne peuvent venir que de France; la résurrection de Carthage n'est point encore opérée.

Pour nourrir la guerre, il faut des apports constants de la base principale sur les lignes d'opérations, des renforts en hommes et en matériel de toute espèce. Autrement, les quelques ressources que peut posséder un arsenal exotique seraient vite épuisées.

L'industrie, par exemple, est fort peu développée en Tunisie, et il n'y a pas de charbon en Algérie.

Au bout de peu de temps, les navires auxquels l'accès des ports de France pourrait être fermé, seront réduits à l'impossibilité de sortir de Bizerte, faute de moyens suffisants pour s'y réparer, afin de pouvoir reprendre la campagne. Et Bizerte est à nos portes! Que dire alors de Saïgon, de Dakar et de Nouméa? Nous comprenons que l'on fortifie ces points, pour les mettre à l'abri d'un coup de main; mais il est inexact de dire qu'on les transformera en bases d'opérations secondaires pour des navires qui ne pourront s'y réparer et s'y ravitailler que fort difficilement une première fois, et peut-être encore plus difficilement une seconde; car on ne saurait entasser assez d'approvisionnements dans ces embryons d'arsenaux. En visitant un arsenal en France, on peut se convaincre de la grande quantité de matériel qui y est accumulée.

Le nombre d'ouvriers y est considérable,

la ville entière vit sur le budget de la marine, et cependant il n'y aurait peut-être qu'une vingtaine de navires sérieux à venir s'y réparer et s'y approvisionner.

Dans ces conditions, l'arsenal de Saïgon ne pourrait peut-être entretenir qu'un seul bâtiment.

Quand un navire y aurait été réparé dans sa coque et dans sa machinerie, il ne resterait pas grand matériel pour les autres, et le commerce étant interrompu, on ne pourrait songer à se procurer sur place les objets nécessaires aux réparations.

Le reproche que nous formulons, ne peut être invoqué avec autant de force à l'égard de l'Angleterre, puisque nous avons vu que ses bases secondaires auront toujours des chances de rester en communication avec la base principale. En outre, l'Égypte et l'Inde sont des pays de plus de ressources que nos possessions, et il y a plus de main-d'œuvre et de matériel accumulés dans les colonies anglaises, qui existent depuis beaucoup plus longtemps que les nôtres; surtout en vue de cet effort à produire, Malte et Gibraltar par exemple.

Pour que les navires modernes puissent soutenir la guerre au loin, il est nécessaire que ces navires soient presque toujours en communication avec leur base principale, qui est le pays lui-même.

On a fait de Toulon un camp retranché, pour que l'escadre puisse toujours conserver entière la liberté de ses mouvements ; mais si Toulon était bloqué par terre et que, par mer, les communications fussent très difficiles ou impossibles, l'immense matériel qu'il renferme serait vite épuisé ; la flotte ne pourrait pas longtemps être réparée et entretenue par ce port, surtout si les réparations étaient fréquentes et considérables.

Si jamais Toulon était assiégé, les services que pourraient rendre les navires demeureraient problématiques.

La guerre maritime d'aujourd'hui est à peu près soumise aux mêmes règles que la guerre sur terre; la liberté des communications est aussi nécessaire aux flottes qu'aux armées.

Les Anglais ont des bases secondaires, ou plutôt une ligne d'étapes dans la direction de leurs objectifs principaux, qui sont l'Inde et la Chine. Où est notre ligne d'étapes pour faire la même route?

L'Angleterre n'a dû ses victoires qu'au nombre de ses vaisseaux, disait-on autrefois. C'est une phrase qui n'est plus vraie, car si elle en remporte encore, elle les devra non seulement à ses vaisseaux qui sont les éléments actifs, mais aussi à une ligne de conduite et à une fixité d'idées qui lui ont permis d'organiser la guerre. En outre, l'Angleterre consacre à sa flotte toutes ses ressources; elle est dans la nécessité d'agir ainsi pour sa propre conservation. Si elle nous a été supérieure autrefois, alors que les constructions se faisaient en bois, de combien sa supériorité ne s'est-elle pas accrue, depuis que l'ère des constructions en fer ou en acier sévit dans toute sa fureur, depuis que les navires à voiles sont passés à l'état de souvenir!

Dans l'état actuel de l'Europe, avec un ennemi aussi fort que l'Allemagne, qui est pour nous une menace perpétuelle, il faut aller au plus pressé et abandonner franchement toute idée de lutte avec l'Angleterre, tant que les choses resteront ce qu'elles sont. L'Allemagne seule doit être visée par nous dans nos armements, et pour cela, il n'est point besoin de marine. Dans le duel à mort qui doit s'engager, elle nous sera plutôt nuisible, ainsi que nous l'avons expliqué plus haut. L'état de division où se trouve l'Europe est regrettable pour les nations qui la composent. Seule l'Angleterre a tiré de leurs querelles sans fin un profit considérable. Il est très malheureux que les nations européennes ne puissent pas s'entendre, car elles n'ont d'ennemie que l'Angleterre.

Si les événements avaient tourné autrement en 1812, l'empereur Napoléon avait formé le projet d'attaquer à fond l'Angleterre. Cette pensée résulte clairement de la lettre qu'il écrivait au prince Eugène, lorsque ce dernier eut, en 1813, abandonné la ligne de la Vistule pour celle de l'Oder et enfin pour celle de l'Elbe supérieur: « En prenant votre ligne d'opérations sur Mayence, non seulement vous compromettez la 32e division militaire, mais encore la Hollande et mes escadres de l'Escaut. »

Nous extrayons de l'ouvrage du lieutenant général Mathieu-Dumas les vues de Napoléon sur la marine, pour étayer l'étude que nous entreprenons relativement à la lutte contre l'Angleterre, leur connaissance nous semblant avoir une très grande utilité.

Après la désastreuse bataille de Trafalgar, après les inutiles expéditions que l'empereur Napoléon dirigea sur divers points, et qui ne servirent qu'à accroître les pertes de la marine française et à précipiter sa décadence, il changea de système, il renonça à toute espèce d'entreprise maritime, jusqu'à ce qu'il eût rassemblé de nouvelles forces navales et créé ou perfectionné les arsenaux qui devaient les contenir.

Les marins français qui s'illustrèrent le plus dans la guerre de 1780, avaient reconnu que la France devait retenir ses escadres dans les ports, concentrer ses moyens, jusqu'au moment où elle pourrait les faire agir en masse et tous à la fois. Ce n'est que par ce système que la France peut prendre tout l'avantage que lui donne la promptitude de ses armements dans une première campagne.

La force des choses et la destruction successive des escadres françaises ramenèrent Napoléon à ce système de temporisation. C'est le propre des génies supérieurs d'être puissamment excités par les obstacles; de s'en irriter, et de s'obstiner à maîtriser la fortune par des efforts plus grands que les revers. C'est là ce qu'entreprit Napoléon.

Il fallait l'entendre lui-même développer ses vues au sujet de cette nouvelle création de la marine française, dont les progrès furent en peu d'années si prodigieux, qu'elle menaçait déjà les îles Britanniques d'une agression plus dangereuse que celles qui avaient jusque-là été tentées.

M. de Las Cases nous a donné, dans son cinquième volume du *Mémorial de Sainte-Hélène*, l'esquisse de ce vaste plan.

Nous en rappellerons ici quelques traits, parce que c'est une des plus utiles traditions qui nous aient été conservées des conceptions de celui qui méditait sur ce sujet, c'est-à-dire sur la conduite de la guerre maritime, aussi profondément qu'il l'avait fait sur la guerre de terre.

C'était à propos des travaux de Cherbourg, sur lesquels la conversation s'était engagée, que Napoléon expliquait ses desseins. Après avoir rappelé l'historique des travaux de la rade, depuis l'infructueux essai de l'immersion des cônes, jusqu'à l'élévation des formidables batteries du centre et des extrémités de la digue à pierres dures, Napoléon disait :

« Ma défensive pourvue, je n'avais plus à m'occuper que de l'offensive, qui consistait à pouvoir réunir à Cherbourg la masse de nos flottes. Or la rade ne pouvant contenir que quinze vaisseaux, pour en accroître le nombre, je fis creuser un port nouveau. Jamais les Romains n'entreprirent rien de plus fort, de plus difficile, qui dût durer davantage. Il fut fouillé dans le granit, à 50 pieds de profondeur. J'obtenais de la sorte de la place pour vingt-cinq vaisseaux de plus.

« Ce n'était pas assez encore ; aussi comptais-je m'étendre bien autrement. J'étais résolu de renouveler à Cherbourg les merveilles de l'Égypte ;

j'avais déjà élevé dans la mer ma pyramide, j'aurais eu aussi mon lac Mœris. Mon grand objet était de pouvoir concentrer à Cherbourg toutes nos forces maritimes, et avec le temps, elles eussent été immenses, afin de pouvoir porter le grand coup à l'ennemi.

« J'établissais mon terrain de manière à ce que les deux nations tout entières eussent pu pour ainsi dire se prendre corps à corps, et l'issue n'en pouvait pas être douteuse, car nous eussions été plus de quarante millions de Français contre quinze millions d'Anglais ; j'eusse terminé par une bataille d'Actium. »

M. de Las Cases résume ensuite dans les termes suivants le développement des vues de l'Empereur sur cet important objet. Notre marine avait fait de grandes pertes en vaisseaux, la plupart de nos bons matelots étaient prisonniers en Angleterre, et tous nos ports se trouvaient bloqués par des forces anglaises, qui gênaient les communications.

L'Empereur ordonna des canaux en Bretagne, à l'aide desquels, en dépit de l'ennemi, on devait communiquer de Bordeaux, Rochefort, Nantes, de la Hollande, Anvers et Cherbourg, avec Brest, et lui procurer les approvisionnements en tout genre dont il pourrait manquer. Il voulut avoir à

Flessingue ou dans le voisinage, des bassins propres à recevoir durant l'hiver la flotte d'Anvers, tout armée, et pouvant se mettre en mer dans les vingt-quatre heures; elle était retenue prisonnière dans l'Escaut quatre ou cinq mois de l'année.

Enfin, il projetait, du côté de Boulogne ou en quelque endroit de cette côte, une digue pareille à celle de Cherbourg et, entre Cherbourg et Brest, un mouillage convenable, l'Ile-à-Bois, le tout pour assurer, en tout temps et sans péril, la libre et pleine communication de nos vaisseaux de haut bord, depuis Anvers jusqu'à Brest. Quant au manque de matelots et aux difficultés d'en former, il fut ordonné d'y pourvoir, en exerçant chaque jour de jeunes conscrits dans toutes nos rades.

Ils seraient placés d'abord sur de petits bâtiments légers; une flottille de ce genre devait d'abord naviguer dans le Zuyderzée; de là, ils seraient versés sur de gros vaisseaux et remplacés aussitôt par d'autres qui devaient suivre. Les vaisseaux, de leur côté, avaient ordre d'appareiller chaque jour, de multiplier leurs exercices, d'évoluer autant que l'espace le leur permettait, d'aller même échanger des coups de canon à l'ennemi. Restait la quantité et le nombre de nos vaisseaux; il était considérable, malgré toutes nos pertes, et l'Empereur calculait pouvoir en construire vingt ou vingt-cinq par an. Les équipages s'en trouveraient formés au fur et à mesure ; si bien qu'au bout de quatre ou six ans, il eût pu compter sur deux cents vaisseaux et peut-être sur trois cents, si cela eût été nécessaire, en moins de dix ans.

L'Empereur projetait pour la marine plusieurs idées, et une partie de sa tactique de terre. Il établissait sa ligne défensive et offensive du cap Finistère aux bouches de l'Elbe.

Il eût eu trois corps d'escadre avec des amiraux en chef, comme il avait des corps d'armée avec des généraux en chef. Celui du centre aurait eu son quartier général à Cherbourg, celui de gauche à Brest, et celui de droite à Anvers. De moindres divisions aux extrémités : à Rochefort et au Ferrol, au Texel et aux bouches de l'Elbe, pour tourner et déborder l'ennemi par ses flancs.

De nombreuses stations intermédiaires unissaient tous ces points, et leurs amiraux en chef leur étaient sans cesse comme présents, à l'aide des télégraphes, qui, bordant la côte, tenaient ce grand ensemble en constante communication.

Qu'on se garde bien de traiter de chimères cet ensemble de vues et ces moyens, qui paraissent exagérés, de porter la marine française jusqu'au point d'acquérir une semblable supériorité. Si l'on suppose que les bouches de la Meuse et de l'Escaut fussent à la paix générale restées en possession de la France (et certes toutes les probabilités étaient en faveur de cette supposition), si l'on se rappelle que trente-deux vaisseaux avaient été construits à Anvers, que les équipages se formaient rapidement, que le Mœris de Cherbourg allait s'achever, que le système des communications des canaux de l'Elbe à la Loire était plus qu'aux deux tiers achevé, on devra reconnaître que déjà les grands obstacles physiques étaient surmontés, et l'on se demande quels autres auraient pu arrêter l'entière exécution des plans de Napoléon.

Quant au personnel de la marine et à son organisation, après tout ce que l'Empereur avait fait dans ce genre, après la guerre continentale, il est facile de présumer les succès qu'il aurait obtenus, s'il avait tourné vers la marine toutes les ressources qui, après la paix de Tilsitt, s'il n'eût pas fait la guerre à l'Espagne, étaient à sa disposition.

L'entière exécution de ce plan gigantesque n'eût pas été plus étonnante que l'armement des deux mille embarcations, qui en 1805 allaient jeter sur les côtes d'Angleterre 90,000 hommes,

6,000 pièces de canon et un immense approvisionnement de guerre et de bouche. Nous pensons donc qu'on peut se convaincre de la possibilité du plan général dont nous venons de parler.

Nous sommes heureux de pouvoir exposer aux yeux du lecteur ces pensées de Napoléon, ainsi que les enseignements qu'elles contiennent.

Une expédition contre l'Angleterre, partant du Ferrol, d'Anvers et des bouches de l'Elbe, n'est pas autre chose qu'une expédition contre cette puissance entreprise par l'Europe, ou du moins l'Europe ne s'y prendrait pas autrement pour faire la guerre à l'Angleterre.

Qu'on ne se le dissimule pas, aujourd'hui comme autrefois, l'Angleterre ne peut être menacée sérieusement que par une coalition européenne.

Livrée à ses propres ressources, même alliée à la Russie, la France ne peut caresser cette utopie dangereuse. Il faudrait pour cela que ses frontières de terre ne fussent ni entamées, ni menacées, comme était la France après le traité de Tilsitt; car, l'or de l'Angleterre, qui agissait même à ce moment, ne manquerait pas d'affirmer à nouveau sa puissance en nous suscitant de nombreux ennemis. Nous ne pouvons songer à faire à la fois la guerre à l'Angleterre et à l'Allemagne.

Les ressources sont insuffisantes, et si nous nous lancions dans une guerre folle avec l'Angleterre, les milliards qu'elle nous coûterait seraient pour nous une cause de faiblesse bien plus grande vis-à-vis du vigilant ennemi qui monte la garde à nos frontières, toujours aux aguets.

C'est contre celui-là qu'il faut nous prémunir avant tout, autrement, nous serons faibles à la fois sur terre et sur mer; sur terre, de toutes les ressources que nous consacrons à la marine, et l'énergie de notre effort en sera d'autant diminuée.

N'oublions pas ce grand précepte de

guerre qui prime tout : la concentration des forces et des moyens. La division de nos ressources en deux groupes presque égaux et dissemblables est une erreur politique.

La guerre de 1870, qu'il faut toujours rappeler, cette guerre amenée par les fautes successives du second Empire, surtout par celle qu'il commit, et pour cause, de ne pas soutenir l'Autriche en 1866, fut pour nous un double malheur. Non seulement elle nous laissa amputés et sanglants, mais elle nous imposa encore l'obligation d'être constamment en armes et de surveiller attentivement notre ennemi d'alors, qui ne demanderait qu'à le redevenir avec une puissance considérablement augmentée.

Les esprits pacifiques pourront déplorer cette situation, mais elle existe, et il peut sembler imprudent de vouloir faire face à deux ennemis, surtout quand l'un d'eux ne peut que nous insulter, mais non pas nous menacer dans notre existence. La France, puissance continentale, ne craint pas les vaisseaux de l'Angleterre; elle a tout à craindre des uhlans de l'Allemagne. Le pas de leurs chevaux foulant le sol champenois résonnera plus douloureusement à nos oreilles françaises que les coups de canon des vaisseaux anglais bombardant à distance Calais ou le Havre.

La France de 1815 et de 1871 n'a pas besoin de marine. L'affectation d'une somme de 300 millions à son entretien peut avoir de très graves conséquences pour l'avenir de notre pays, car une dépense aussi énorme est hors de proportion avec les services qu'on peut en attendre. Le commerce maritime est malheureusement à peu près nul[1], et ce n'est certes pas pour le protéger que nous avons une marine aussi forte. En 1807, la France, quoique privée de marine et de commerce maritime, était dans un état de splendeur et de prospérité remarquables.

1. Les Messageries maritimes, les Chargeurs réunis, sans parler des autres compagnies, voient actuellement diminuer leurs bénéfices. Leurs actions sont en baisse.

On lit dans les auteurs maritimes que c'est Trafalgar qui a amené Waterloo. Ces écrivains à courte vue, qui voudraient nous voir consacrer toutes nos ressources à la marine, ignorant sans doute l'existence de l'Allemagne et de sa puissante armée, lancent des phrases à effet comme cette dernière, en voulant indiquer d'un coup les causes de la chute de Napoléon. Ce n'est point Trafalgar, mais bien Baylen, qui a amené Waterloo.

La puissance impériale, ainsi qu'une toile trop tendue, a craqué à ses deux extrémités, en Espagne et en Russie ; et les déchirures se sont étendues jusqu'au centre avec une rapidité d'autant plus grande, que la tension subsistait toujours ; car nul n'ignore que l'Empereur avait des garnisons considérables en Allemagne, qu'il ne put ou ne voulut pas faire refluer vers le centre.

Si, à Bautzen, le maréchal Ney, au lieu d'entamer ce funeste mouvement sur sa droite, dans la direction de Malschwitz, se fût porté sur Hochkirch, il exécutait un mouvement entièrement semblable à celui que Blücher exécuta deux ans plus tard à Waterloo. Les conséquences de ce mouvement eussent été incalculables, et l'armée alliée eût été détruite.

Si, après la bataille de Dresde[1], Napoléon, soutenant Vandamme, eût débouché sur Nollendorf avec 100,000 hommes, mouvement qui s'imposait, il coupait la ligne de retraite des alliés. Il n'y aurait pas eu de Waterloo.

Si les maréchaux de l'Empire avaient eu le cœur plus haut placé, s'ils n'avaient eu en vue que l'intérêt de la France; si Augereau n'avait pas trahi à Limonest, ni Marmont à Essonnes, il n'y aurait pas eu de Waterloo. L'armée de Blücher eût été détruite à Soissons si la trahison ou l'incapacité d'un Moreau n'eussent pas livré la ville à Winzingerode. Le soulèvement des roya-

1. C'est à Dresde et non à Waterloo, que Napoléon perdit sa couronne (Jomini).

listes en Vendée, en privant l'armée des 25,000 hommes du général Lamarque, a aussi contribué à amener Waterloo.

Trois hommes ont été traîtres à la France, dit Napoléon: « Augereau, Talleyrand et Lafayette. »

Nous pourrions ajouter beaucoup d'autres noms à cette liste d'infamie, à cette liste de misérables qui, pour satisfaire leur ambition personnelle, ont précipité la France dans les pires malheurs; il n'y aurait peut-être pas eu de Waterloo non plus, si Bourmont ne fût pas passé à l'ennemi, révélant ainsi la présence des Français à Blücher et à Wellington.

Et même, cette fameuse bataille de Waterloo aurait pu être gagnée si l'on ne s'était pas rué en formations profondes à l'assaut des positions anglaises, sans préparation préalable par l'artillerie; si l'on n'avait pas fait charger par toute la cavalerie l'infanterie anglaise encore intacte, fautes que Ney et les autres n'avaient encore jamais commises.

Napoléon avait bien raison d'appeler cette bataille une échauffourée.

Nous croyons avoir fait justice de cette affirmation d'ignorants, de ces maîtres en stratégie, qui croient avoir tout dit lorsqu'en se gonflant ils ont lancé cette phrase ridicule et fausse : « C'est Trafalgar qui a amené Waterloo. »

C'est l'Espagne et non Trafalgar qui a amené Waterloo ; il est bon de le signifier bien haut à ces écrivains de surface.

Sans doute, cette bataille n'a point consolidé la puissance de Napoléon, mais elle se perd dans l'infinité des événements qui ont amené sa chute. La simultanéité des campagnes d'Espagne et de Russie en a été la cause principale ; il en eût été de même si, en 1809, le vol de l'aigle, ralenti à Essling, eût été arrêté net dans les champs de Wagram.

Napoléon s'est cru trop puissant, il a toujours voulu tout briser, et tout à la fois, de là sa perte. Au lieu de ces manœuvres savantes, à l'aide desquelles il s'était élevé jusqu'au trône, le plus brillant de l'univers, on ne voit plus que de brutales attaques de front qui l'en précipitèrent.

S'il avait soumis l'Espagne en 1810 et en 1811, au lieu d'épouser Marie-Louise, la campagne de Russie se fût effectuée dans des conditions tout autres; Clausewitz dit que Napoléon ne pouvait agir autrement qu'il ne l'a fait, mais que ses forces étaient insuffisantes pour mener à bien cette colossale entreprise. Que l'on s'imagine, en effet, la gauche de Napoléon bien protégée par Gouvion Saint-Cyr à Polosk, Wittgenstein refoulé sur Saint-Pétersbourg; sur sa droite, Tchitchakoff tenu à distance respectueuse de Minsk, ce qui aurait dû être, si Schwartzemberg ne se fût pas basé sur Varsovie; la Grande-Armée était sauvée, et la campagne prenait une autre tournure. Avec des moyens plus considérables, il est certain que l'armée russe n'eût pu soutenir la lutte; Bagration et Barclay de Tolly n'eussent jamais pu opérer leur jonction; et Smolensk voyait probablement la fin de cette campagne, qui ne peut être comparée qu'aux expéditions des temps antiques, de Cambyse ou de Cyrus, de Crassus ou d'Antoine.

La situation de notre pays est telle, que nous sommes menacés par deux ennemis, mais d'une manière bien différente. L'un ne peut nous attaquer que de loin, sans jamais pouvoir entamer le territoire; l'attaque de l'autre, au contraire, peut nous être mortelle.

Nous ne sommes pas assez forts pour lutter à la fois contre les deux; et en luttant contre le premier, nous diminuons d'autant nos moyens contre le second. C'est contre celui-là qu'il faut se garder; il faut, au contraire, laisser l'autre de côté, parce que les forces que nous pourrions réunir contre lui sont et doivent être de peu d'importance en face des siennes, et aussi parce que son attaque ne peut être décisive contre nous. Agir autrement serait de la folie, et c'est cependant ce que nous faisons actuellement, en consacrant par an 300 millions à l'entretien d'une marine qui ne peut servir à rien.

On dirait que les leçons de l'histoire ne nous ont point assagis, et que nous voulons nous heurter de nouveau contre ces mêmes écueils, dont le choc a déjà failli nous anéantir.

Les partisans d'une marine s'en vont partout, faisant retentir les échos du même bruit : « Toutes les nations augmentent leur marine ou font tout ce qu'elles peuvent pour en posséder une, il serait ridicule que la France n'en eût pas. » Examinons cette objection et voyons ce qu'elle vaut.

Si la France avait les limites du Rhin, et qu'elle n'eût rien à craindre sur cette frontière, qu'elle n'eût pas ce voisin dangereux pour elle jusqu'à la mort ; oui, sans doute, il faudrait à la France une puissante marine ; elle pourrait même espérer en avoir une aussi forte que l'Angleterre, en développant son industrie ou en s'alliant à quelque autre peuple. Mais, malheureusement, cette condition *sine quâ non* n'est ni réalisée ni réalisable. Le Teuton qui monte la garde à Metz et à Strasbourg n'entend point se démunir des armes qu'il forge sans cesse contre nous, et la *Wacht am Rhein* caresse toujours agréablement ses oreilles.

L'Allemagne est une puissance jeune, ainsi que dit von der Goltz, dans la *Nation armée*. L'astre du jeune empire se lève à peine à l'horizon, et il a déjà acquis un éclat inaccoutumé, empourpré du sang de Sadowa et de Sedan. L'Allemagne est gouvernée par un souverain jeune et ambitieux, aussi puissant que Louis XIV dont il veut trancher, et qui désire avoir en main tous les moyens de manifester sa puissance. Le fait de la création d'une puissante marine n'a donc rien d'étonnant, pour qui connaît la tournure d'esprit de Guillaume II et les tendances de sa politique. A la tête d'une nation puissante sur terre, il veut aussi l'être sur mer; il entend réaliser ce mot de Bismarck : « Nous autres, Allemands, nous ne craignons que Dieu en ce monde. » Si quelqu'un te résiste, disait-il à son frère le prince Henri, avant son départ pour la Chine, fonce dessus et frappe-le de ta dextre gantée de fer.

D'un autre côté, cet empire voit sa population, son commerce suivre une progression toujours croissante, tandis que tout cela décroît chez nous, où le budget colonial coûte tous les ans 100 millions. Sous peu, l'Allemagne comptera plus de 60 millions d'habitants. Il viendra donc un jour fatal où forcément, en suivant la progression actuelle, le peuple allemand débordera hors de ses frontières trop rapprochées pour contenir cette énorme population. De quelle manière ce torrent rompra-t-il ses digues? C'est là tout le secret de l'avenir.

Se répandra-t-il dans les pays moins peuplés comme le nôtre, ou renouvelant les exploits de Cortez, ira-t-il se créer un débouché parmi les républiques de l'Amérique du Sud ou en Asie Mineure en régénérant ces pays? Il aurait pour cela besoin d'une marine;

c'est pourquoi sa création répond bien aux besoins actuels de l'Allemagne, ainsi qu'à l'orgueil du potentat qui la gouverne. Elle sait très bien que nous n'entreprendrons pas contre elle une guerre offensive. En nous enlevant Metz et Strasbourg, elle a fermé la route à une invasion française.

Il en est de même pour l'Italie, qui a progressé plus que personne depuis 1859. Elle a aussi de jeunes ambitions et ne doute de rien; elle est, on le sait, atteinte de mégalomanie.

Elle ne craint même pas les entreprises coloniales à longue envergure, et s'est fait cruellement frapper dernièrement en Érythrée.

La situation de l'Italie n'est pas la même que la nôtre en Europe. Personne ne la jalouse; elle n'a aucun ennemi qui la menace directement ni sérieusement. Elle est l'alliée de l'Allemagne et de sa voisine, l'Autriche. Tant que durera la Triplice, elle peut n'avoir aucune inquiétude au sujet de ses frontières.

Elle n'a donc pas besoin de consacrer tous ses moyens à leur défense, car elle attaquera en n'ayant à surveiller que la parade, sans avoir à craindre la riposte. Son armée de terre est donc loin d'avoir la même importance que la nôtre pour la défense du pays. Elle l'a tellement bien compris, que cette armée doit, dit-on, aller, en cas de guerre, rejoindre l'armée allemande sur le Rhin, par le col du Brenner. Il est difficile d'envahir la France par les longs défilés des Alpes, les vastes plaines de la Lorraine et de la Champagne sont plus favorables aux mouvements des armées. Dans ces conditions, que font 300,000 ou 400,000 hommes de plus à l'Italie? Par la situation qui lui est faite dans la Triplice, elle aura toujours assez de forces pour fixer notre attention dans les Alpes, en y détournant quelques-uns de nos corps d'armée. Elle peut donc consacrer une partie de ses ressources à la marine, ne serait-ce que pour nous forcer à en avoir une. En agissant ainsi, elle rendrait encore service à l'Allemagne, car l'existence d'une marine nous enlève autant de moyens contre cette dernière. Nous tombons bénévolement dans le piège grossier qu'elle nous tend. Sans doute, la flotte italienne pourra nous nuire.

Elle pourra bombarder nos côtes, essayer des débarquements en Tunisie avec son corps d'armée de Sicile, mais cela ne changera rien à l'issue finale de la guerre, dans laquelle nous serons vaincus ou victorieux. Vaincus, nous perdons tout ; mais nous avons d'autant moins de chances de l'être, que nous consacrerons toutes nos ressources à la vraie guerre, à la seule guerre dont la préparation devrait exister pour nous, et qui est la guerre sur terre.

En distraire une seule parcelle de nos moyens est une faute, une faute que nous avons payée cher en 1870, que nous paierons peut-être encore plus cher dans l'avenir. L'expérience cruelle de ce que nous avançons a été faite, mais elle ne nous a pas profité. Notre recueillement n'a pas duré longtemps, et dix années seulement après cette secousse terrible, nous nous lancions à corps perdu dans les expéditions coloniales.

Sans colonies, ou peut-être même à cause de cela, l'Allemagne est bien devenue une nation puissante et forte ; l'Autriche, l'Italie et la Suisse vivent très bien sans en avoir. C'est quand nous ne pouvons même plus cultiver notre sol que nous cherchons à acquérir des colonies qui deviennent pour nous un grand embarras. Depuis 1830, il n'y a que 300,000 Français en Algérie ; ce n'était pas la peine de dépenser, pour un résultat pareil, tant de soldats, tant de milliards.

Tout récemment encore, l'histoire nous a multiplié ses avertissements par la guerre entre la Grèce et la Turquie.

Fière des souvenirs de Miaoulis et de Canaris, la Grèce avait placé dans sa flotte de grandes espérances. La Turquie n'avait, au contraire, que des navires en mauvais état, qui n'ont même pas quitté les Dardanelles. Ainsi que cela devait arriver, la question fut vidée sur terre, en Thessalie. En réalité, le rôle de la flotte fut plus nuisible qu'utile, puisqu'elle entraîna la Grèce à expéditionner en Épire, opération divergente, nécessitant la scission de forces qui auraient toujours dû rester réunies pour la défense des défilés.

Les opérations de la flotte furent ce qu'elles devaient être, c'est-à-dire sans aucune importance. On n'essaya même pas d'inquiéter les communications des Turcs dans le golfe de Salonique. En revanche, on bombarda avec un fracas exagéré Préveza et quelques villages inoffensifs de la côte d'Épire. Du reste, la flotte avait commis la même faute que l'armée, elle s'était divisée en deux fractions, et leur faiblesse respective ne permit pas d'agir avec assez de vigueur au point vulnérable.

Quelques esprits prétendent que cette flotte aurait pu, en forçant les Dardanelles, venir imposer à Constantinople les conditions de la Grèce. Sans doute, ce fait d'armes eût rehaussé un peu l'honneur de l'armée grecque, qu'a terni une marche en arrière ininterrompue, depuis Larissa jusqu'aux Thermopyles. Sans doute, dans ce cas, les marins grecs eussent été les dignes émules de leurs devanciers, mais leur dévouement n'eût pu parvenir à fixer la victoire dont leurs ancètres avaient autrefois coupé les ailes. La flotte, après avoir forcé les Dardanelles, se fût présentée devant Constantinople, un peu désemparée et privée de projectiles. Elle aurait eu à affronter dans cet état le feu des batteries turques, et il faudrait qu'un gouvernement fût bien lâche ou bien affaibli pour capituler sous la menace d'un bombardement maritime.

Non, la flotte grecque a fait ce qu'elle pouvait faire dans la circonstance, c'est-à-dire rien. Elle a fait, hélas ! ce qu'a fait notre flotte en 1870, et la guerre gréco-turque n'a été à ce point de vue qu'une réédition de la guerre franco-allemande.

Au lieu d'avoir une flotte et de jouer à la grande puissance, la Grèce eût mieux fait de fortifier ses frontières, d'avoir une armée mieux organisée et pourvue de meilleurs fusils. Il saute aux yeux que, privée de marine, la Grèce eût soutenu la lutte avec moins de désavantage.

Depuis Louis XVI, toutes les entreprises exécutées à l'aide de la flotte ont, comme tous les changements politiques, été contraires à notre pays.

Les expéditions d'Égypte, de Saint-Domingue, la bataille de Navarin et l'expédition de Morée, tout en étant glorieuses pour nos armes, ne nous furent d'aucune utilité. Nous avons toujours travaillé pour les autres ou travaillé à demi.

La Grèce actuelle est une œuvre incomplète, et le peuple hellène n'aspire qu'à devenir ce qu'il était autrefois, avec Constantinople pour capitale. Ces aspirations ne paraissent pas s'accorder avec celles de l'Autriche et de la Russie, qui s'opposeront toujours à tout agrandissement continental de la Grèce. L'Autriche ne veut souffrir aucune ingérence dans sa marche vers Salonique, et malgré tout, la Russie guette Constantinople.

Dans toutes les îles soumises à la domination de la Turquie, l'espérance de secouer un joug abhorré agite constamment le cœur de tout patriote. Vaincu en 1897, l'hellénisme n'est point mort; et son réveil nous réserve encore bien des surprises pour l'avenir.

Les aspirations de l'hellénisme ne répondent plus aux besoins actuels de l'Europe, et l'orientation donnée à la politique générale ne laisse plus de place à un empire grec.

Le culte du passé, l'héroïsme de Marco Botzaris, du grand Byron et des insurgés grecs, avaient apitoyé l'Europe encore toute frémissante et fortement remuée par l'horreur des massacres et par les atrocités des Turcs. Si elle a consenti à la formation d'un royaume grec, c'est avec l'idée bien arrêtée de ne pas le laisser se développer. Ce petit royaume était mort-né en venant à la vie.

La preuve en a été faite récemment ; les vœux de l'Europe étaient pour les Turcs.

La conquête de l'Algérie a détourné nos regards du Rhin, et quand nous avions plus de 100,000 hommes de l'autre côté de la Méditerranée, le moment était mal venu pour faire entendre en Europe la voix de la France. Aussi, cette conquête était-elle envisagée plutôt avec défaveur par tous les maréchaux de l'Empire encore vivants à cette époque ; par le maréchal Soult en particulier ; et la question de l'évacuation fut posée un instant dans les conseils du roi Louis-Philippe.

Lorsque le général Bugeaud fut nommé au gouvernement de l'Algérie, il y arriva avec des idées complètement opposées à sa conservation. Mais par suite d'un revirement subit dans l'esprit de ce grand homme de guerre, il s'attacha tellement à ce pays dont il avait consolidé la conquête, qu'il en dissuada l'abandon. Tous les grands hommes ont leurs faiblesses.

Plus tard, l'expédition de Crimée, faite tout au profit de l'Angleterre, et pour soutenir cette même Turquie que nous avions combattue vingt-sept ans auparavant, nous aliéna la Russie, qui facilita notre écrasement de 1870, en contenant l'Autriche par sa neutralité armée. Enfin, l'expédition du Mexique mettait le comble à toutes ces sottises, en nous discréditant en Europe, en nous empêchant d'intervenir en 1866 et d'accomplir un effort qui nous eût sûrement donné les limites du Rhin.

Si une armée française alliée de l'Autriche eût pénétré en Allemagne, elle eût manœuvré sur les derrières des Prussiens en Saxe, renforcée de toutes les forces de la confédération. Pour sortir de ce pas difficile, les armées prussiennes eussent dû renouveler les merveilles de Rosbach, mais le merveilleux n'a pas toujours sa réédition en ce monde, et il n'y a heureusement pas toujours des Soubise. Seulement, il nous fut matériellement impossible d'opérer cette puissante diversion en faveur de l'Autriche, sur les derrières des armées prussiennes; la désorganisation était partout; pas d'armée, pas de canons, pas de places fortes, pas d'argent; l'expédition maritime du Mexique avait tout ruiné[1]! Faut-il qu'un pays soit aveugle, ou qu'il se berce de bien décevantes illusions pour continuer cette politique d'affaiblissement, en face de rivaux qui ne demandent que notre écrasement!

On veut avoir une marine qui nous coûte plus de 300 millions par an; pour continuer au besoin cette politique de Louis XIV, qui lui a si mal réussi. Ce qui convient à l'un peut ne pas convenir à l'autre, et nous venons de voir que cela n'était pas trop contraire aux intérêts de l'Allemagne et de

---

1. La France pouvait à peine, à ce moment, mettre 60,000 hommes en ligne.

l'Italie. Nous ne pouvons que nous féliciter de voir l'Allemagne tourner ses idées vers la marine.

Il n'y a rien dans cette nouvelle orientation d'une partie des forces de cet empire qui puisse nous inquiéter ; il se privera de la sorte d'autant de moyens contre nous. Le commerce maritime de l'Allemagne marche à pas de géant, et c'est bien ce qui a engagé la perfide Angleterre, qui prévoyait déjà cet essor, à pousser la Prusse vers l'Ouest en 1815, et à s'emparer de nos anciennes provinces de la rive gauche du Rhin, pour détourner son attention de la mer. On a vu l'Autriche, trop occupée de la péninsule italienne, exclue de la confédération du Rhin ; la France, engagée au Mexique, manquer par cela même l'occasion unique de recouvrer presque sans coup férir toutes les conquêtes de la Révolution.

Un aussi beau résultat eût été incomparablement supérieur à la possession de tout le Mexique ; la France, redevenue grande, mettait en pratique le mot de Frédéric le Grand. Mais de tels rêves, qui étaient cependant si facilement réalisables, sont bien éloignés de nous. Ou les gens qui sont au pouvoir sont réellement frappés d'inconscience ou d'aveuglement, ou ils ont renoncé pour toujours à l'Alsace-Lorraine. On le croirait, puisqu'avec les guerres du Tonkin et de Madagascar, on les a vus renouveler les folies du Mexique.

Qu'on le sache bien, toute force gaspillée en dehors de nos frontières, toute somme d'argent jetée à l'eau, soit pour la flotte, soit pour les expéditions coloniales, ne se retrouveront plus au jour de la partie suprême, au jour de la lutte qui doit décider de l'existence même de notre pays. Une armée forte et solidement organisée sera encore sa meilleure sauvegarde pour l'avenir. Il faut à cette armée un matériel parfait, il lui faut une nombreuse cavalerie, bien supérieure à celle que nous possédons et mieux montée.

Et nous allons de gaieté de cœur sacrifier chaque année 400 millions, dont 100 pour les folies coloniales, qui seront absolument perdus pour le grand moment. C'est de la démence pure. La flotte ne sert à rien pour notre défense dans les mers d'Europe. Les bombardements de notre littoral par les Italiens seront plutôt des rodomontades que des menaces sérieuses, et une force de 25,000 à 30,000 hommes sur les côtes de la Méditerranée suffira pour repousser toute tentative de débarquement.

Nous avons dit qu'il faut adapter à l'Algérie le système de défense de la France, des batteries et des chemins de fer; il faut y créer des poudreries, des manufactures d'armes, et des fonderies de canons et de projectiles.

Toute augmentation de la flotte correspond à un amoindrissement du pays et doit être considérée comme reculant de plus en plus l'espoir de rentrer en possession de nos provinces perdues. La conservation de la flotte est une renonciation tacite à l'Alsace-Lorraine. C'est peut-être pour tranquilliser les Allemands, que nous avons maintenu après 1870 le budget de la marine, et que nous avons institué, depuis, un ministère des colonies. Ces bons Allemands voient avec beaucoup de plaisir toutes nos entreprises coloniales; notre abdication en Europe n'en est que plus accentuée. Cette simple constatation devrait bien cependant nous indiquer que nous faisons fausse route.

Si nous avions eu la guerre avec l'Espagne au moment où cette puissance était engagée à Cuba et contre l'Amérique, il eût été hors de doute qu'à cause de ces circonstances, notre position eût été singulièrement renforcée. Il en serait de même, si nous avions actuellement la guerre avec l'Angleterre, les dépenses qu'elle nous causerait affaibliraient d'autant notre situation vis-à-vis de l'Allemagne, qui en profiterait sûrement.

Il est encore temps d'enrayer le mal, et de nous rappeler qu'il est toujours dangereux d'agir dans deux directions opposées. Le principe fondamental de la guerre est la concentration, tandis qu'au contraire, c'est une division poussée à l'excès qui est notre règle de conduite. Nous adoptons ce système en tout, même en émiettant nos forces navales, qui sont déjà trop faibles pour agir toutes ensemble au point décisif[1].

Si l'Europe trouve que l'Angleterre fait bien de s'emparer du monde entier, imitons-la, nous ne sommes plus le gendarme de l'Europe, mais ne marchons contre l'Angleterre qu'avec des alliances. Agir autrement serait trop imprudent et l'Allemagne aurait trop beau jeu.

Il serait nécessaire pour faire la guerre à l'Angleterre d'être assurés d'une longue paix avec l'Allemagne. Pour cela, le plan de Napoléon Ier devrait être repris, il faudrait faire de Dunkerque un port militaire, à l'aide de

---

1. Nos forces navales, divisées en deux groupes, ne pourraient se réunir. Il serait bien préférable de les tenir concentrées. *Faibles partout, forts nulle part:* telle est la maxime détestable qui nous guide. Cette scission est une faute militaire, renouvelée de 1870.

jetées comme à Cherbourg et utiliser l'admirable position de Brest, d'où de hardis croiseurs couperaient les communications anglaises. Mais il ne faut pas se dissimuler que cette tâche serait difficile.

Il faudrait creuser le canal du Midi, fortifier nos côtes, surtout celles de l'Algérie et de la Corse, et accumuler dans ces pays des vivres et des munitions, pour permettre aux troupes de la défense d'y subsister longtemps, sans être à la merci d'un blocus rigoureux.

Toutes nos forces maritimes devraient être réunies dans la Manche, et nous leur consacrerions la plus grande partie de nos ressources.

Le champ clos de la Manche offrirait assez de combinaisons à un chef habile pour livrer une bataille dans de bonnes conditions, car c'est toujours, suivant l'expression de von der Goltz, la bataille qui tranche le nœud gordien.

On aurait à gagner cette bataille d'Actium,

dont parlait Napoléon Ier. Il est permis d'espérer que nous ne nous trouverions peut-être pas seuls contre l'Angleterre, mais malheureusement, avant cette entente qui amènerait un nouvel Actium, il y aura peut-être encore beaucoup de batailles de Pharsale.

La proximité de la côte de France gênera toujours considérablement l'Angleterre, et il ne serait peut-être pas impossible de se rapprocher davantage, à l'aide de jetées formidablement armées.

Alliée à plusieurs autres nations, à l'Allemagne et à la Russie par exemple, la France pourrait forcer la Belgique et la Hollande à entrer dans l'alliance. Un débarquement en Angleterre pourrait bien alors n'être plus une vaine menace, et il ne semblerait pas impossible, après d'habiles combinaisons, de jeter 150,000 hommes sur la côte anglaise[1]. Mais les hommes d'État français et les chefs

1. L'Angleterre n'ayant pas une forte armée, cette opération pourrait peut-être être tentée, avec des circonstances très favorables,

de la marine se sont-ils préoccupés de cette éventualité? Quand on voit les transports pourrir à Toulon, on peut hardiment affirmer le contraire, on peut être sûr que rien n'a été prévu. On serait bien en droit de se le demander, mais la réponse à une pareille question serait trop difficile. Est-ce que Dunkerque ou Calais ne devraient pas déjà être de nouveaux Cherbourg, ou plutôt de nouveaux Anvers, pistolets chargés au cœur de l'Angleterre, selon l'expression de Napoléon?

Il ne faut pas louvoyer entre deux politiques, il faut en choisir une, et la suivre résolument. Si l'on veut faire la guerre à l'Angleterre, c'est dans la Manche et non ailleurs qu'il faut aller la chercher.

Lorsqu'on entend un ministre de la marine dire qu'il faut garder la défensive dans la Manche et prendre l'offensive dans la Méditerranée, on croit rêver. Sur quoi, sur quelles études historiques se base ce ministre pour parler ainsi? C'est comme si, pour faire la guerre à l'Allemagne, on massait l'armée française au pied des Pyrénées. Non, Monsieur le Ministre, il faut faire comme autrefois Scipion débarquant en Afrique, il faut s'attaquer à l'Angleterre face à face. Il faut avoir à Calais et à Dunkerque, transformés en ports militaires par de puissantes jetées, des flottes de transports prêtes à jeter 100,000 hommes sur le sol anglais, si le hasard voulait que l'occasion s'en présentât.

Rüstow, l'écrivain militaire distingué dont nous parlions plus haut, s'étonnant de trouver Bazaine commandant à Metz, en rejetait toute la faute sur le système, qui avait permis à un tel homme d'arriver à la tête des armées françaises.

Il serait temps aussi de changer de système dans la marine ; les hommes de guerre y sont rares. L'infinité des détails du métier continue toujours d'absorber l'esprit de gens qui devraient les rejeter complètement[1].

1. Le général n'a pas à s'occuper des détails de la construction d'une voiture, ni du mode d'attelage d'une bouche à feu. (Clausewitz.)

La science de la guerre, disait Napoléon, se compose de deux parties, la partie humaine et la partie divine. Les anciens disaient qu'un dieu enseigna aux hommes l'art de la guerre.

On aurait besoin d'un nouveau dieu pour l'enseigner dans la marine, car jusqu'à présent on n'a pas eu l'air de se douter que cet art existât, ou bien, si on en juge par les résultats, on l'a singulièrement méconnu.

Labourez profond, disait un membre de l'Assemblée constituante.

C'est surtout dans ce champ qu'il faudrait labourer profond, si l'on ne veut, au jour d'une guerre, n'avoir qu'un instrument inutile, avec lequel on ne saura pas faire respecter les droits ou les réclamations de la France, comme cela vient d'arriver, à propos de Fachoda.

Il faudrait que le peuple français exigeât que la marine, pour laquelle il dépense par an 300 millions, existât pour soutenir au besoin ses intérêts, et non pas seulement pour la satisfaction des appétits, aussi colossaux qu'injustifiés, d'une certaine classe d'individus.

Depuis 1815, rien n'a été fait en vue de la guerre maritime.

On s'est borné à conserver les arsenaux, et à construire des vaisseaux suivant les besoins du moment et les ressources d'un budget, qui, comme les gouvernements, existait parce qu'il existait.

Depuis un certain nombre d'années, on n'a envisagé en France que le conflit avec la triple alliance. C'est là une erreur d'autant plus inexcusable, que le concours de la flotte dans ce cas serait nul.

La tactique navale qui, suivant l'expression d'un auteur de 1785, était encore dans l'enfance à cette époque, malgré les guerres de Louis XIV et de l'Indépendance américaine, n'a fait aucun progrès et est restée dans ses langes. La marine attend toujours son Frédéric ou son Napoléon [1].

1. La tactique navale doit avoir pour but l'emploi du canon *en masse*, sur un point déterminé.

L'Angleterre a fait de sa côte sud une véritable base; nous n'avons qu'un point dans la Manche, Cherbourg. Il nous faut au moins un autre port, Calais ou Dunkerque, il faut creuser le canal du Midi pour annihiler Gibraltar. Que de choses ne faudrait-il pas? Nous croyons en avoir assez dit pour faire toucher du doigt l'ignorance des choses de la guerre qui, comme une épaisse taie, a si longtemps recouvert les yeux de nos hommes d'État et des chefs de la marine. Pour enlever cette taie, il faut se résoudre à une opération, il faut labourer profond, suivant l'expression de Duport.

S'il faut en croire Gouvion-Saint-Cyr et Napoléon, la conduite de la guerre maritime est bien moins compliquée que la conduite de la guerre sur terre, et ne réclame ni

---

L'objectif du général de mer doit être d'attaquer une fraction inférieure des forces ennemies, avec le maximum des siennes.

C'est là le principe de l'*économie des forces*, observé par Nelson à Trafalgar.

autant de science, ni autant de qualités de la part du général de mer.

Isolant dans sa pensée la tactique navale de l'art du navigateur, le maréchal Gouvion-Saint-Cyr trouvait que la première pouvait être l'objet de combinaisons bien plus précises que celles du champ de bataille ; et il félicitait le général de mer de n'être pas entravé dans ses dispositions par une foule de considérations accessoires, qui rendent si compliqué le mécanisme des armées modernes. (*Mémoires du maréchal Gouvion-Saint-Cyr.*)

On lit d'un autre côté dans *Maximes de guerre et pensées de Napoléon Ier* :

La première loi de la tactique maritime doit être qu'aussitôt que l'amiral a donné le signal qu'il veut attaquer, chaque capitaine ait à faire les mouvements nécessaires pour attaquer un vaisseau ennemi ; prendre part au combat et soutenir ses voisins.

La guerre de terre consomme en général plus d'hommes que celle de mer ; elle est plus périlleuse. Le soldat de mer, sur une escadre, ne se bat qu'une fois dans une campagne ; le soldat de terre se bat tous les jours. Le soldat de mer, quels que soient les dangers et les fatigues attachés à cet élément, en éprouve beaucoup moins que celui de terre : il ne souffre jamais de la faim ni de la soif ; il a toujours avec lui son logement, sa cuisine, son hôpital et sa pharmacie. Les armées de mer, dans les services de France et d'Angleterre, où la discipline maintient la propreté, et où l'expérience a fait connaître toutes les mesures qu'il faut prendre pour conserver la santé, ont moins de malades que les armées de terre.

Indépendamment du péril des combats, le soldat de mer a celui des tempêtes ; mais l'art a tellement diminué ce dernier, qu'il ne peut être comparé à ceux de la terre, tels qu'émeutes populaires, assassinats partiels, surprises de troupes légères ennemies.

Un général commandant en chef une armée navale et un général commandant en chef une armée de terre, sont des hommes qui ont besoin de qualités différentes. On naît avec les qualités propres pour commander une armée de terre, tandis que les qualités nécessaires pour commander une armée navale ne s'acquièrent que par expérience.

L'art de la guerre de terre est un art de génie,

d'inspiration. Dans celui de mer, rien n'est génie ni inspiration; tout y est positif et expérience.

Le général de mer n'a besoin que d'une science: celle de la navigation. Celui de terre a besoin de toutes, ou d'un talent qui équivaut à toutes: celui de profiter de toutes les expériences et de toutes les connaissances. Un général de mer n'a rien à deviner; il sait où est son ennemi; il connaît sa force. Un général de terre ne sait jamais rien certainement, ne voit jamais bien son ennemi, ne sait jamais positivement où il est.

Lorsque les armées sont en présence, le moindre accident de terrain, le moindre bois, cache une partie de l'armée.

L'œil le plus exercé ne peut pas dire s'il voit toute l'armée ennemie ou seulement les trois quarts.

C'est par les yeux de l'esprit, par l'ensemble de tout le raisonnement, par une espèce d'inspiration, que le général de terre voit, connaît et juge. Le général de mer n'a besoin que d'un coup d'œil exercé; rien des forces de l'ennemi ne lui est caché. Ce qui rend difficile le métier de général de terre, c'est la nécessité de nourrir tant d'hommes et d'animaux; s'il se laisse guider par les administrateurs, il ne bougera plus et ses expéditions échoueront.

Celui de mer n'est jamais gêné, il porte tout avec lui. Un général de mer n'a point de reconnaissances à faire, ni de terrains à examiner, ni de champ de bataille à étudier.

Mer des Indes, mer d'Amérique, Manche, c'est toujours une plaine liquide.

Le général de terre ne connaît jamais le champ de bataille où il doit opérer. Son coup d'œil est celui de l'inspiration, il n'a aucun renseignement positif; les données pour arriver à la connaissance des localités sont si éventuelles que l'on n'apprend presque rien par expérience.

C'est une faculté de saisir tout d'abord les rapports qu'ont les terrains, selon la nature des contrées; c'est enfin un don que l'on appelle coup d'œil militaire, et que les grands généraux ont reçu de la nature. Cependant, les observations qu'on a pu faire sur des cartes topographiques, la facilité que donnent l'éducation et l'habitude de lire sur les cartes peuvent être de quelque secours.

Un général en chef de mer dépend plus de ses capitaines de vaisseau qu'un général en chef de terre de ses généraux. Ce dernier a la faculté de prendre lui-même le commandement direct des troupes, de se porter sur tous les points et de remédier aux faux mouvements.

Un général de mer n'a personnellement d'influence que sur les hommes du vaisseau où il se trouve ; la fumée empêche les signaux d'être vus, les vents changent ou ne sont pas les mêmes sur tout l'espace que couvre sa ligne. C'est donc, de tous les métiers, celui où les subalternes doivent le plus prendre sur eux.

Eh bien oui, Napoléon et Gouvion-Saint-Cyr étaient dans le vrai, la conduite de la guerre maritime est bien plus simple que celle de la guerre de terre, et il n'est pas besoin d'être un bien grand génie pour la diriger. La vapeur a encore simplifié les combats de mer. C'est pour cela qu'il peut sembler à beaucoup de gens fort surprenant que la préparation à cette guerre ait été en France aussi mal comprise, aussi mal dirigée, jusqu'à maintenant. Il y a certainement, dans un semblable état de choses, un vice rédhibitoire, auquel il serait urgent de remédier ; nous croyons l'avoir suffisamment indiqué.

L'intérêt électoral, la faiblesse, l'incurie ou

l'ignorance du gouvernement, sont les causes de cette situation peu brillante.

Il y a longtemps, par exemple, que le port de Lorient devrait être remplacé par Calais ou Dunkerque. Nous avons trop de trois ports sur l'Océan, et pas assez sur la Manche.

Le maintien du port de Lorient ne répond à aucune idée militaire. Il faut opposer une base française à la base anglaise de la Manche.

On ne s'est jamais demandé en France pourquoi on avait une marine, ni dans quel but.

Tandis que les Anglais mettaient en chantier plusieurs navires du même type, pour une mission bien déterminée, nous en construisions un similaire, pour les copier, mais sans savoir à quoi cette construction pourrait bien servir.

De là ces incohérences, ce manque de stabilité et d'orientement de notre édifice maritime, lourd héritage d'un temps passé.

DES RÉSERVES

Les théories admises aujourd'hui sont qu'il faut faire sortir les escadres les unes après les autres, et les envoyer séparément, et par petits paquets, au combat. Avec ce système, on n'a qu'une chance, celle d'être toujours battu, faute d'avoir des forces suffisantes.

Il est bien préférable de se ménager le bénéfice d'écraser une force ennemie, en employant tous ses moyens, que de subir la défaite, faute d'avoir su les utiliser. La première des conditions, c'est de gagner la bataille.

Ces idées, du reste, sont en contradiction formelle avec l'opinion des marins français qui s'illustrèrent le plus dans la guerre de

1780. Ils estimaient que la France devait retenir ses escadres dans les ports, concentrer ses moyens, jusqu'au moment où elle pourrait les faire *agir en masse et tous à la fois*.

Agir autrement est s'exposer à se faire battre en détail, et il est extraordinaire d'entendre soutenir de semblables théories.

Nous sommes encore dans l'obligation de nous appuyer sur l'autorité de Gouvion-Saint-Cyr pour étayer nos dires et pour prouver que nous condamnons une idée fausse et qui doit être déracinée.

Dans le bulletin qui parut pour annoncer ce premier et grand événement (bataille de Lützen), on remarque que Napoléon s'applaudit d'avoir remporté la victoire, quoique la moitié de l'armée n'eût point combattu. En cela, il fait l'éloge le plus mérité de ses troupes ; mais en même temps aussi il fait la critique la plus juste et la plus forte de la conduite de leur chef, qui avait réparé sa première faute mais qui en commit une seconde tellement grave, qu'on ne saurait trop recommander d'en éviter de semblables; parce que c'est une des plus communes que celle de ne pas faire donner dans une affaire toutes les troupes dont on peut disposer. Cette faute est souvent la cause des plus grands revers ; et quand, par une faveur particulière de la fortune, elle ne les amène pas sur-le-champ, elle diminue au moins les succès qu'on ne peut encore obtenir qu'au moyen d'une perte considérable.

Alors on voit les plus nombreuses armées détruites après la répétition d'un petit nombre de victoires si chèrement achetées, comme cela eut lieu dans la campagne qui commença par la sanglante bataille de Lützen.

Mais peut-être exigera-t-on une exception pour ce qu'on appelle communément les réserves qui, dit-on, préparent et assurent le gain des affaires : j'admets cette modification au principe énoncé plus haut, car toutes les troupes ne peuvent donner à la fois, pour la raison qu'il y a peu de généraux capables d'employer cette heureuse combinaison. La plupart ne font ordinairement leur attaque que par régiment ou par brigade, et le nombre de ceux en état de faire donner ensemble la valeur d'une bonne division est assez restreint ; d'ailleurs, il est rarement nécessaire que les troupes donnent toutes ensemble ; cela serait quelquefois dangereux ; une grande armée ne le pourrait presque jamais. Enfin, il importe peu que les troupes donnent au commencement, au milieu ou vers la fin d'une journée, l'essentiel étant seulement qu'elles donnent toutes.

J'admets donc les réserves, mais à condition qu'on s'en servira autrement qu'en parade, et qu'elles donneront sérieusement dans le moment que l'on jugera le plus opportun ; car, selon moi, on ne gagne pas de batailles pour avoir des troupes dont on ne fasse pas d'usage ; et si je tombe d'accord que des réserves bien disposées, et surtout employées à propos, les fassent gagner, je pense aussi que bien plus sûrement elles les font perdre, lorsqu'on se contente de les exposer aux lunettes de l'ennemi, comme cela n'est que trop souvent arrivé au grand détriment des armées françaises.

Nous pourrions citer les documents où nous avons vu afficher ces étranges théories ; nous ne le ferons pas, espérant que cette amère critique de Gouvion-Saint-Cyr les dissipera, et qu'on ira à l'avenir au combat avec toutes ses forces, sans en laisser en arrière la moindre partie.

DE L'INFANTERIE ET DE L'ARTILLERIE DE MARINE

L'infanterie de marine a été créée pour la défense des colonies en 1833. A ce moment, les colonies étaient très peu nombreuses; on ne comptait, en effet, que celles des Antilles, de la Réunion, du Sénégal et de la Guyane. Depuis, ce corps s'est, ainsi que nos colonies, singulièrement développé. L'enfant, devenu hydrocéphale s'est, émancipé de son tuteur, et ne désire que la rupture. Les idées ne sont plus les mêmes et les généraux d'infanterie de marine ne trouvant pas leur emploi aux colonies, réduits aux fonctions peu actives d'inspecteurs généraux, ne visent plus qu'à commander des corps d'armée ou même des armées. La marine étant impuissante à satisfaire leurs ambitions jeunes et légitimes, ils sont naturellement tentés de regarder ailleurs.

Mais le ministère de la guerre ne verrait pas arriver avec plaisir des officiers généraux ou supérieurs, qui beaucoup plus jeunes que les siens, garderaient, par conséquent, le haut commandement pendant de longues années. Ce ne sont pas les expéditions coloniales qui préparent à la grande guerre; nous croyons que le ministère de la guerre a cent fois raison. Les expériences de 1859, 1870, exécutées avec les généraux d'Afrique, ont été suffisantes[1].

Il en est de même pour les officiers de l'artillerie de marine, qui ne rêvent qu'à aller chercher des croix ou des avancements au Soudan et à Madagascar.

Mais, l'artillerie de marine a été créée aussi pour fabriquer à la flotte ses canons et

1. Ardant du Picq donne le nom de *batailles de soldats,* aux batailles de Crimée et d'Italie.

ses projectiles. Les officiers de l'artillerie de marine abandonnent très volontiers ces fonctions, qui leur sont beaucoup moins profitables que celles qui consistent à aller guerroyer dans les colonies, avec un Samory quelconque.

Aussi, en résulte-t-il un grand préjudice pour les canons et pour les munitions de la flotte.

Il y a encore là une réforme à faire ; il faut plus de stabilité dans les fonctions des officiers détachés dans les directions, les fonderies ou les fabrications. Il faut que ces fonctions plus modestes, mais aussi plus utiles, ne soient pas moins récompensées que les luttes avec un roi nègre, dans les vastes solitudes du Soudan.

DES SOUS-MARINS

Les expériences effectuées par le *Gustave-Zédé,* tant aux îles d'Hyères que pendant un voyage à Marseille, ont fortement appelé l'attention sur les sous-marins.

L'invention des accumulateurs électriques, due à M. Planté, a permis l'éclosion d'un rêve que beaucoup caressaient depuis longtemps, sans pouvoir le réaliser. M. Planté peut être à bon droit considéré comme le grand-père des sous-marins.

Quoique cet engin ne soit pas encore entré dans le domaine de la pratique, nous admettrons, dans ce qui va suivre, que l'apparition du nouveau venu sur la scène de la guerre maritime est un fait accompli; qu'il a assez de vitesse et un rayon d'action suffisant pour opérer à portée de sa base.

Il en résultera :

1° Que les flottes de guerre ne pourront plus stationner dans les rades, Spithead ou Cherbourg; mais qu'elles devront se tenir renfermées à l'intérieur des ports.

2° Que les blocus des ports militaires ne seront plus possibles de près, et qu'ils devront s'exercer à distance, hors de la portée des sous-marins.

On ne pourra plus couper à leur origine les communications d'une flotte, mais on pourra toujours essayer de les couper de loin.

La guerre navale prendra un caractère plus stratégique. Au lieu de bloquer les ports, on bloquera une partie déterminée de la mer.

Le théâtre de la guerre s'élargira.

L'occupation de points tels que Malte, Gibraltar, Bizerte, Messine, San-Pietro de

Sardaigne et Port-Mahon, pour ne parler que de la Méditerranée occidentale, aura une importance considérable :

Beati possidentes !

Le voisinage de l'île d'Aurigny gênera beaucoup le port de Cherbourg.

Toutes les nations étant en possession de cet engin, l'impuissance des escadres contre les pays organisés n'en sera que plus manifeste.

Les coups de main dirigés contre les côtes, comme le bombardement de Copenhague en 1807, seront rendus encore beaucoup plus difficiles.

Pour attaquer une colonie, on l'isolera d'abord de la métropole, en coupant les communications, ou en détruisant les navires qui les établissent.

Puis par d'incessants simulacres d'attaques, tantôt sur un point, tantôt sur un autre, on usera le matériel naval de cette colonie, principalement les sous-marins qui ne sauraient y être bien nombreux. Dans les colonies où il n'y a pas encore de chemins de fer les traversant d'une extrémité à l'autre, les troupes sont généralement réunies sur un seul point. Il est toujours possible de débarquer là où elles ne sont pas, et où elles ne sauraient être toutes.

Quand on jugera le matériel naval suffisamment hors d'usage, on procédera au débarquement sur le point choisi.

Le but de toute guerre, même de la guerre maritime, à l'exception de celle qui consisterait uniquement à détruire le commerce de l'ennemi, est toujours une occupation de territoire.

Ainsi, par exemple, les Anglais nous ont pris le Canada, l'Inde et presque toutes nos anciennes colonies.

Un point occupé est un échelon pour aller plus loin.

Les sous-marins ne peuvent servir que pour la défensive et ne sont que des demi-instruments de guerre. Ils conviendront surtout aux peuples pauvres ou pacifiques qui voudront se défendre contre toute agression.

Ceux qui attaquent, au contraire, les redouteront.

Comme les loups, les sous-marins ne se mangent pas entre eux, et on ne prévoit pas encore comment l'on pourra conjurer leurs coups aussi perfides qu'imprévus.

Mais cet avenir que nous envisageons nous paraît encore bien éloigné, malgré les vantardises d'une certaine presse. Nous ne voyons pas encore le sous-marin opérant contre un navire en marche, et changeant fréquemment de route.

TABLE DES MATIÈRES

Nancy, imprimerie Berger-Levrault et Cie.

Printed in Dunstable, United Kingdom

91220736R00097